李肖肖

孟磊

陈沛 著

总策划

中原农民出版社
·郑州·

图书在版编目（CIP）数据

千年一鱼/李肖肖，陈沛著．—郑州：中原农民出版社，
2024.2

ISBN 978-7-5542-2942-2

Ⅰ．①千… Ⅱ．①李… ②陈… Ⅲ．①饮食－文
化－河南 Ⅳ．① TS971.2

中国国家版本馆 CIP 数据核字（2024）第 046619 号

千年一鱼

QIANNIAN YI YU

出 版 人：刘宏伟	责任印制：孙 瑞
总 策 划：孟 磊	美术编辑：杨 柳
选题策划：张付旭 张 淇	题 字：宋华平
责任编辑：张 淇	插 图：王伟宾
责任校对：王艳红 尹春霞 李秋娟	排版制作：杨慧芳
彤 冰 张晓冰	书籍设计：书籍/设计/工坊 刘运来工作室

出版发行：中原农民出版社

地址：河南自贸试验区郑州片区（郑东）祥盛街 27 号 7 层

邮编：450016

电话：0371-65788673（编辑部） 0371-65788199（发行部）

经 销：全国新华书店

印 刷：河南美图印刷有限公司

开 本：170 mm× 240 mm 1/16

插 页：10

印 张：15

字 数：190 千字

版 次：2024 年 2 月第 1 版

印 次：2024 年 2 月第 1 次印刷

定 价：68.00 元

序一

致广大而尽精微

王守国

　　认真读完《千年一鱼》，我立即想到了《中庸》里的两句名言："致广大而尽精微，极高明而道中庸。"这倒不是说本书已经达到了这样的水准，而是说作者是以这样的思维和学理为标准来深入思考、精心谋篇的。思路决定出路，格局影响全局。如此思路和格局，决定了本书必将在黄河鲤鱼文化史、中原餐饮史（尤其是豫菜发展史）等方面独具特色。在此试作如下四个方面的简析。

一、致广大：雄浑深厚的文化底蕴

作者阅读广泛，穷搜经史，用著名历史学家傅斯年的话说是"上穷碧落下黄泉，动手动脚找东西"，从历史文献、出土文物、民间习俗、文艺作品等多方面、多角度地讲述了鱼文化的前世今生。比如鱼图腾的信仰价值，双鱼图、合欢图的美好祈愿，鲤跃龙门的深邃意义，鱼雁传书的美好情感，年年有"鱼"的真诚祝福，旷达渔父的隐士风范，鱼与宴的深度关联，以及与此相关的图饰绘画、诗词曲赋、民间传说、成语典故等，简明扼要、逻辑清晰、准确生动地勾勒了上万年的鱼文化史和鲤鱼文化的生成发展史。这种极具原创性的劳动，为本书提供了辽阔悠远的历史深度和丰富深厚的文化内涵。即便单独放在饮食文化研究史中，本书也是难得一见的优秀之作。

本书开篇呈现的是旧石器时期山顶洞人聚落的一条有鱼骨装饰的项链。中国学者在北京周口店的这一发现，说明山顶洞人不仅已经能够熟练地捕捞水生动物，还有了一定的审美追求。源远流长、博大精深的鱼文化由此拉开了序幕。我国著名鱼文化专家陶思炎说，中国的鱼文化，发轫于旧石器时期，在5万至1.5万年以前或更早，鱼类就已成为中华大地远古先民有意识、有心智的劳动实践和艺术想象的对象，并寄托着先民们融合自然、联结生死、壮大族群的信仰观。人们在新石器时期的多处文化遗址中发现了多种捕鱼工具和各类质料与形态的鱼图案，覆盖了物质、精神领域，鱼文化在新石器时期迎来了早期的发展高峰。

图腾是一个群体的标志，是这个群体共同信奉的精神品格特征。中国的图腾中一直有鱼。虽然龙图腾后来居上，但鱼作为尊贵与吉祥的精神符号，一以贯之。其中，最具代表性的，就是有"百鱼之王"美誉的鲤鱼。《尔雅·释鱼》的开篇，写的就是鲤。李唐王室，为了突出自己的正统地位，以老子李耳为先祖，因鲤鱼为道教圣物，加之鲤与李同音，故对鲤鱼格外推崇。唐代统治者把虎符改为鱼符，并盛行鱼符、鱼袋之制，全面影响了当时的政治、军事、社会生活。唐代以后，鲤鱼便从庙堂走向了世俗，成为民间艺术中的吉祥物，找到了最好的归宿。融入人间烟火，鲤鱼更具活力。它本是食物，后来成了一种精神图腾，又带着美好的寓意进入万户千家，从而有了更为强大的生命力。

此外，作者对豫菜历史的钩沉和对饮食文化中中和文化的精当分析，也都是"致广大"的重要组成部分，因为其他地方还要论及，这里从略。

二、尽精微："头牌"鲤鱼的前世今生

如果说"致广大"的基础和前提是读书万卷，需要做充分的案头准备，那么，深入细致的采访记录和经年累月的跟踪观察就是"尽精微"的必由之路。没有前者，后者会缺乏广度与深度；没有后者，前者则会缺乏温度和鲜活。

发源于中原地区的豫菜体系，深度影响了中国人的饮食文化。

黄河，素有"铜头铁尾豆腐腰"之说。黄河流域独特的饮食文化中，最有特色的是鲤鱼文化。南北朝时期有鲤鱼是诸鱼之长，为食品上味一说。在明代，黄河鲤鱼与太湖银鱼、松江鲈鱼、长江鲥鱼并称"四大名鱼"。黄河鲤鱼中，宁夏、陕西、山西、河南、山东的黄河鲤鱼并称"五大名鲤"，其中以河南黄河鲤鱼最为优质。

河南黄河鲤鱼金鳞赤尾，体形修长，肉质细腻饱满。宋代时，黄河鲤鱼就已经声名在外，诗人梅尧臣有诗写道："汴河西引黄河枝，黄河未冻鲤鱼肥。随钩出水卖都市，不惜百金持与归。"至清朝末年，烹饪技艺精湛的河南厨师，用一道糖醋软熘黄河鲤鱼焙面，迅速征服了光绪皇帝和慈禧太后。在他们的加持之下，黄河鲤鱼更是声名远播。经过民国时期的进一步发展，黄河鲤鱼成为不折不扣的"头牌"。1949 年 10 月 1 日晚，新中国举行了第一次国庆宴会，俗称"开国第一宴"，红烧鲤鱼是唯一入选的鱼类菜肴，一时荣耀无双。

但是，从 20 世纪八九十年代开始，随着豫菜的沉寂，黄河鲤鱼渐渐淡出了人们的视野，不仅作为豫菜头牌的荣耀不复存在，甚至连生存都遭遇了极大的危机。

正是在这样的背景下，樊胜武主动站了出来。他常说："我不是在做生意，而是在做一项事业，那就是复兴豫菜。"

樊胜武出生于"厨师之乡"河南长垣，从小耳濡目染，对烹饪极为热爱。天资加上勤奋，让刚刚 29 岁的他成了五星级国际酒店的行政总厨，他的发展前景一片光明。但一心想要复兴豫菜的他，并不满足于此，克服重重困难开始自己创业，提出了"新派豫菜"的概念。因为一至九这几个数中五居中，有中正平和之意；又因为他在家排行第五，而武和五又同音，樊胜武就把自己开的这家豫菜馆取名为"阿五美食"。2015年，经过多年艰苦奋斗，"阿五美食"成了中原餐饮业中具有全国影响力的知名品牌。樊胜武为了打造出能够代表豫菜的一道名菜，冒着前功尽弃的巨大风险，毅然决定将"阿五美食"更名为"阿五黄河大鲤鱼"（以下简称阿五）。如今，经过八九年的打拼，尤其是经过新冠疫情、特大暴雨灾害、品牌危机三大严峻考验后，阿五的影响力越来越大，越来越具有豫菜头牌的风范。

2024年，阿五创办20周年。20年栉风沐雨，阿五人呕心沥血，坚守初心，勤奋努力，稳步前行。作为曾经长期从事深度文化专题报道写作的资深媒体人，作者虽然对写作对象——阿五和阿五品牌创始人樊胜武非常熟悉，但依然下足了采访功夫。作者不是简单地记录企业的发展史和企业家的奋斗史，没有抽象地写企业文化和管理方法，更没有刻意地宣传企业的业绩和荣誉，而是精心提炼最具代表性的主题，剪裁最具说服力的细节，用一个个真实生动的故事、可视可感的画面来讲述阿五和樊胜武的故事，如话家常，知人论事，有见有识，于鲜活灵动、幽默风趣的叙述中真实再现了企业的风采和企业家的风骨。

三、道中庸：守中求和的文化追求

中和理念，最早出自《尚书·大禹谟》。传说尧传舜、舜传禹的"十六字心传"，即 "人心惟危，道心惟微，惟精惟一，允执厥中"，强调只有执两用中，不偏不倚，才能管理好十分复杂多变的人和社会。西周末年的史伯，有感于西周衰败之弊，提出"和实生物，同则不继"的观点，即只有多种事物相融汇，才能枝繁叶茂、不断发展壮大，若一味强调完全相同，只会导致逐渐衰退、难以为继。史伯强调"以他平他谓之和，故能丰长而物归之；若以同裨同，乃尽弃矣"。所谓"以他平他"，就是以不同的事物融合，所以百物丰盛；所谓"以同裨同"，就是用相同的事物简单相加，所以百物凋零。史伯还曾说："声一无听，物一无文，味一无果，物一不讲。"意思是只有一种声音不好听，只有一种东西太单调，只有一种味道不好吃，只有一种事物讲不出精彩的道理，表达的同样是包容多样才能丰富多彩。

中和之词虽有各种称谓，比如中庸、和合、和谐、圆融等，但本质上都是承认差异、尊重不同，自觉自信、开放包容，从而既各美其美，又美人之美，达到美美与共、天下大同的理想境界。《中庸》强调"君子之中庸也，君子而时中"；老子强调"万物负阴而抱阳，冲（中）气以为和"；孔子强调"君子和而不同"；有子强调"礼之用，和为贵"。《中庸》对"中和"的阐释最为全面："喜怒哀乐之未发，谓之中；发而皆中节，谓之和。中也者，天下之大本也；和也者，天下之达道也。致中和，天地位焉，万物育焉。"

中和思想在中国饮食文化中体现得最为生动丰富。古语说"饮食男女，人之大欲存焉""食色，性也""夫礼之初，始诸饮食""民以食为天"等。食，不仅关乎人的生存，更关乎文化文明的开拓创造。告别茹毛饮血，进入文明社会后，食就不仅仅是为了果腹了，人们对于它有了更高的期待。史伯说"和五味以调口"，

"厨祖"伊尹说"五味调和"，当时人们的认知里只有五味，把这五味调和好了才能适口，才是美味。"若作和羹，尔惟盐梅"，要做好一份好喝的汤羹，必需调和好咸和酸，因为咸和酸当时是两种最基本、最重要的味道。"和羹之美，在于合异"，佳肴之美，在于调和。

大河中游往往是早期文明形成的核心与主干。黄河中游更是如此。因为这里有着天地之中（嵩山）与黄河之中（中游）的交汇融合，更把中和理念发挥运用到了极致。豫菜不断吸收、融合南北东西之物产、四面八方之技艺，形成了"五味调和、质味适中"的特点。这种五味纷呈、和谐统一的特质，使得豫菜从表面上看，不像其他菜系那样特点突出，但实质上既各美其美又美美与共，是更为浑厚全面的中和之美。这就如同嵩山一样，不以任何一种宗教取胜，却又融合了三教，是文化文明互鉴互容、和谐共生的更高范式。

作者深刻地揭示了豫菜中和文化的哲学基础和丰富内涵，在此基础上展示樊胜武和阿五对中和文化的生动实践，主要聚焦在两个方面：一是做菜，二是"为人"。

就菜品而言，以阿五为代表的菜既注重师承传统的守正，更注重学习借鉴的创新，用樊胜武的话说就是"传承不守旧、创新不离宗"。他倡导的"新派豫菜"，首先做的就是从色泽、口感、搭配等方面革故鼎新。然后是技法上的创新，用豫菜的烹饪技法，制作各地食材；用各地烹饪技法和口味、呈现方式等，制作河南的食材和菜肴。如今，阿五的新菜已经做到了与时俱进，更加平和，也更加营养健康。同时，这种创新是一个系统工程，包括环境、服务、细节等方面。阿五创办至今，门店经历了多次大的升级：第一代店，以"新派豫菜"为概念，坚持使用好食材，为客户提供一个就餐场所；第二代店，从文化角度出发，融入中式风格和河南文化，承载欢聚时的温度与情感；第三代店，以黄河文化、鲤鱼文化为主线，将美食、文化、艺术相结合，打造豫菜打卡新地标；第四代店，在融入黄河鲤鱼文化基础上，更加注重品质和客户体验，彰显东方雅致。

就"为人"而言，阿五的中和文化体现在对内和对外两个方面。

阿五对内主要强调尊重、团结员工，形成了平等和谐、团结活泼的企业文化，让再小的"鱼"，也能找到属于自己的"河"。在阿五，像迎宾、保安、保洁这些再平常不过的岗位的员工，也可以和管理、技术岗位的员工一样参与评优评先、享受国内外旅游等福利待遇。员工的福利待遇好了，阿五的服务品质也就有了切实保障。阿五总部，有一面独特的文化墙，上面是一群逆流而上的小鲤鱼，每条鱼身上都刻着阿五现在或曾经的伙伴的名字。那些人都是樊胜武心中的功勋人物。公司工会还为离开的伙伴创建了一个"永远阿五人"微信群，组织大家定期聚会交流，让离开公司的伙伴依然能感受到"家"的温暖。

对外主要强调和谐共生、合作共赢。阿五自创办以来，与上下游合作伙伴相互成就、合作共赢，共同打造出一个良性发展的"餐饮生态圈"，与黄河金生态鲤鱼的合作就是一个成功的范例。阿五的合作对象已不局限于餐饮行业。"吃豫菜，听豫剧，享河南待客之道。"阿五与小皇后豫剧团的合作是另一种类型的合作范例。如今，豫菜、豫剧两大文化体系互相成就，两美相兼而益彰，成了餐饮、戏剧两大领域的佳话。

阿五作为豫菜复兴的扛鼎者，带着红烧黄河鲤鱼这道河南头牌菜，先后组织了"让豫菜站起来""豫菜抱团打天下""让世界品味中原"等多种活动，从河南走向全国，从全国走向世界，在更广阔的国际舞台和更高势能的国际活动中，让黄河鲤鱼大放异彩。

"当看到一道道中国美食摆到 300 余位驻联合国官员面前，听到他们对中国美食的一致认可和高度评价后，我们所有的辛劳都变成了开心和愉悦。这一刻，所有的付出都是值得的。"樊胜武曾经动情地在朋友圈分享了这样的文字。

四、极高明：独具匠心的叙事剪裁

执两用中、和谐共生是中和文化的核心内容，也是本书作者的创作理念和文学追求。要从浩如烟海的文献文物和民俗民谚等资料中，梳理清楚黄河鲤鱼文化史、中原饮食史和豫菜发展史，离不开匠心独运的提炼剪裁；要把樊胜武和阿五曲折艰辛、跌宕起伏的 20 年发展历程，及其价值追求和审美趣味表达出来，离不开匠心独运的提炼剪裁；要有效避免古与今、理与情、利与义、己与人、大与小的脱节，使之真正融为一体、互为表里，更离不开匠心独运的提炼剪裁。作者深谙个中三昧，从大处着眼，从细处着手，用将百炼钢化作绕指柔的剪裁叙事功夫，成就了这部有深度、有温度之力作。

作者在如上三个方面的提炼剪裁都很精彩，读者自可细心体味。这里着重谈谈本书中难度最大，同时也最为重要的第三方面的提炼剪裁。

作为一家餐饮企业，阿五在河南已经足够成功，也有相当重要的影响力：2021年，阿五红烧黄河鲤鱼制作技艺入选郑州市非物质文化遗产名录；红烧黄河鲤鱼及阿五，先后获得"十佳豫菜""中国美食地标保护产品""中国餐饮业十大品牌""豫菜品牌示范店""中国非遗美食（巴黎）国际邀请赛"特金奖等多种荣誉；从2017年至2023年，阿五5次登上大众点评必吃榜，是河南登榜次数最多的品牌之一。同时，樊胜武本人也有诸多荣誉加身，例如于2019年担任郑州市餐饮与饭店行业协会会长，于2020年获得"享受国务院政府特殊津贴专家"这一餐饮业少有的殊荣。

作者以"不向如来行处行"的勇毅和自觉，迎难而上，另辟蹊径：深入挖掘相关历史文化的丰富内涵，探寻其中的文化基因和传承脉络，增加了阿五当下发展的深度和底蕴。阿五要恢复黄河鲤鱼的"头牌"地位，把其打造成豫菜代表，进而为全面复兴豫菜树立旗帜、奠定基础，不是拍脑袋想出来的，而是有其深刻的历史背景和发展逻辑的，是从黄河饮食文化中自然流淌出来的。同时，阿五当下的繁荣发展，也为豫菜注入了生机和活力，用新视角诠释了豫菜的辉煌历史，丰富了人民群众的饮食文化生活，让历史与现实完美地融合在一起。要将这些呈现出来，非洞悉古今、胸怀全局、笔力雄健、举重若轻者莫可为之。

　　作者在本书结尾处饱含真情地说出了阿五在擎起豫菜大旗时独独挑选一条黄河鲤鱼作为头牌菜的原因：品一口红烧黄河鲤鱼，就是在和绵延了千万年的鲤鱼文化对话，在传承黄河鲤鱼不屈的精神、表达人们美好的祈望，在品味一代代豫菜人不屈的奋斗史。读懂了黄河鲤鱼，也就读懂了黄河故事，也就找寻到了生命的意义。

　　客观地说，本书确实实现了这样的目标。

　　文学是语言的艺术，无论是抒情叙事还是言志述怀，都需要过硬的文字功夫。"庾信文章老更成，凌云健笔意纵横。"本书充分展示了作者意到笔随、纵横自如的语言功力，这是他们能够取得成功的关键因素之一。

　　近日一直沉浸于《千年一鱼》，脑海里经常浮现与鱼相关的文字和意象，突然想到了词牌《摸鱼儿》。这个源自唐代教坊的曲牌，是经北宋文坛领袖欧阳修据旧谱制作并在文人中间流传开来的。金元时期的大诗人元好问，为忠贞不渝的痴情大雁创作了一首《摸鱼儿·雁丘词》，开篇"问世间，情是何物，直教生死相许？"的惊天一问，感动了古今无数痴情男女。当然，可以让人生死相许的不仅是爱情，还有理想、信念等。樊胜武对复兴豫菜的热爱和坚守，也庶几近之。他曾经这样解释"热爱"："比如说，很多人不理解、不支持，反对你做一件事，但你仍然坚持去做。即使不给你钱，你仍然全力以赴去做。没有时间挤出时间也要去做。这就是热爱。"他也这样解释"坚守"："人这一辈子，坚守一样东西到底有多难？在坚守这条注定孤独的路上，你要不停和自己的惰性作战，和外界诸多的诱惑作战，坚持着别人眼里理解或者不理解的初心——就像在沙漠里，忍着不去喝那口水。"
在天时、地利、人和兼具的今天，有了这种热爱和坚守，我们有
理由相信：豫菜的明天一定会更加美好，黄河大鲤鱼的"头牌"
前景一定会更加辉煌。

作者系
河南省人民政府参事
河南省文联原党组书记
河南省文艺评论家协会原主席

从一"食"
看一"史"

杨 柳

中华饮食文化历史悠久，创造出了彪炳史册的烹饪技艺。中国烹饪协会的其中一项重要使命就是"弘扬中华饮食文化，传承中餐烹饪技艺"。

从《千年一鱼》这本书中，我们能从一条代表着中华传统吉祥寓意的黄河鲤鱼身上，看到中华饮食文化的发展历程。

"一部河南史，半部中国史。"位于黄河中下游的河南，曾长期作为中国的政治经济中心，也承载了中华餐饮文化的发展。

4000多年前，夏启在阳翟（今河南禹州）为诸侯设宴，史称"钧台之享"，这是目前史料记载的中华饮食文化史上最早的宴会。被称为"中华厨祖"的伊尹，也来自河南。商朝时，青铜器的出现，大大提高了烹饪水平，烹饪技法逐渐成熟，宴会形式也更丰富。东周时期，宫廷饮食制度正式建立，烹饪也成为一门重要的艺术，人们开始研究烹饪理论，进行烹饪实践。北宋时期，汴京（今河南开封）是当时世界上最大的城市和经贸大都会，饮食文化的发展更是达到了前所未有的高度。

作为中国烹饪"母体"的豫菜，特点是五味调和、质味适中。"和"是豫菜所蕴含的中国哲学思想，"中"则显示了豫菜的包容性。

我踏入餐饮行业已经40多年了，经历也见证了中国餐饮行业的发展和变迁，深刻体会到了一代代餐饮人为之奋斗的辛苦。正是有了这些人的推动，餐饮文化的交流和发展才日渐向好，中华的饮食文化才被世界看到。

我同阿五黄河大鲤鱼的创始人樊胜武先生是多年老友，他是中国烹饪协会副会长，也是豫菜领军人物。我深知他一直在为传承餐饮文化不懈地努力着。在中国烹饪协会成立35周年的时候，阿五黄河大鲤鱼荣获了"饮食文化传承突出贡献奖"。通过阅读本书，我更深入了解了他为传承餐饮文化所付出的心血，了解了更多细节后，为之深深感动。

近年来，河南餐饮业发展呈现蓬勃之势，涌现出一批有特色、有竞争力的优秀餐饮品牌。它们在餐饮文化传承、环境品质提升、食品安全与健康方面付出了非常大的努力，也作出了积极的贡献，其中的佼佼者就有樊胜武先生创办的阿五黄河大鲤鱼。一个餐饮企业能坚持 20 年，且不断稳步发展壮大、持续创新，极其不容易。

美食是一座城市人文特征的重要符号，也是无国界交流的重要载体。文化的背景是共通的，饮食带来的文化认同感也是共生的，就像这条"黄河鲤鱼"。它是属于中华民族的一条"鱼"，是属于我们共同的饮食文化记忆。

不忘初心，未来可期。餐饮业作为永远的朝阳产业，随着高质量发展和消费升级，必将迎来新的发展机遇。

作者系
中国烹饪协会会长

目录

这是一
水路上，阳光

虽是办
办公桌对面，
仿佛还带着
正中的红烧
发现，这些菜
有古老的鱼
饰品……

这些藏
称阿五）的

几十年
的长河不停
的人，最终
力量，便是
古先民崇拜的

看着眼
那场与鱼密切

第一章

鱼图腾

第一节　　鱼龙之变

那是一场 3 万年前的聚餐。

在北京周口店的一场聚落聚餐里，远古先民们吃了一条 80 厘米长的鱼。吃完后，有人将草鱼眶上骨、兽牙、石珠等涂成红色，做成了一条红色的项链。

日出日落，沧海桑田。很多东西被历史的尘埃湮没了，但是这条红色的项链，却跨越重重阻碍，来到了我们面前。

这条有着草鱼眶上骨装饰的项链，是旧石器时代留给我们的最早的鱼图腾印记。

一场 3 万年前的聚餐

时间回到 3 万年前。

在北京周口店的先民，吃到了一顿美味的餐食。这顿饭应该很丰盛，因为有一条长约 80 厘米的鱼。吃完饭后，有那么点闲暇时光，一位先民细心地将草鱼眶上骨、兽牙、石珠等用赭石颜料涂成了红色，做成了好看的项链。

日出日落，沧海桑田。人类进化了，聚落消失了，很多东西悄无声息地消失在历史的长河中。这条红色的项链，也被尘埃掩埋，静静地等待着重见天日。

1930 年，中国学者发现了这处遗址。在后来的发掘中，他们发现了旧石器时代大量的生活用品，包括这条红色项链。这处遗址就是著名的北京周口店山顶洞人遗址。他们还发现了鲤科动物的大胸椎和尾椎化石，这说明山顶洞人已能熟练捕捞水生动物了。

而这条带有草鱼眶上骨装饰的美丽饰品，也证明山顶洞人开始追寻鱼在食用价值之外的审美价值。在他们的世界里，鱼已经不仅是果腹的食物了，还是构成精神世界的神秘意象之一。

远古先民把鱼骨作为最早的饰物之一，是出于对大自然的崇拜，寄托着受惠于大自然、同化于大自然的祈望。

鱼一旦超脱了单纯的食用价值，成为人类物质生产与精神创造的对象，鱼文化便开始形成了。

3万年前聚集在北京周口店的先民，已经开始在食用鱼之后，追寻它的审美价值

远古先民的选择

图腾是什么？它是一个群体的标志，是被授予精神内涵的事物，是这个群体共同信奉的精神品格特征。

不仅在古中国，在其他古文明的发源地，都能找到鱼图腾的印记。

著名民俗学家、鱼文化专家陶思炎先生在《中国鱼文化》一书中系统探讨过中国的鱼文化，认为中国的鱼文化发轫于旧石器时期，在5万至1.5万年以前或是更早，鱼类就已成为中华大地远古先民有意识、有心智的劳动实践和艺术想象的对象，并寄托着人们融合自然、联结生死、壮大族群的信仰观。

在史前时期的前期，鱼是先民们重要的食物来源之一，粗陋的渔猎工具和鱼骨装饰随之出现；后期，随着鱼镖、鱼钩、渔网、渔舟等工具大量出现，各类鱼图案也作为信仰与崇拜的象征，进入了人们的精神世界，而与之密切相关的鱼图腾崇拜及有关的民俗，又构成了原始社群文化的重要方面。在磁山文化遗址、仰韶文化遗址、大溪文化遗址、河姆渡文化遗址、红山文化遗址、良渚文化遗址、龙山文化遗址等处发现的多种捕鱼工具和各类质料与形态的鱼图案，就是最好的佐证。中国的鱼文化迎来了一个早期的发展高峰。

商周时期的鼎、盘等青铜礼器和餐具上出现了鱼形铭文和鱼饰，玉石鱼雕几乎成了当时贵族必备的随葬品。春秋至秦汉时期，鱼纹和鱼饰出现在了漆器、帛画、木雕、兵器、壁画、画像砖石等上，衍生出了"鱼龙曼延"这一杂耍表演节目。

隋唐至宋辽时期，朝礼国律、婚丧民俗、金银饰物、建筑构件等方面，均可见鱼的身影。其中，尤以唐代为盛。而自唐代以后，鱼文化开始走向民众，出现在砖雕、建筑装饰、家具图样、瓷器、织物、歌舞、故事、剪纸等中，在民俗文化中得到了更好的传承与发展。

一个决定命运的"梦"

从现存资料来看，中国的龙文化出现在 8000 多年前的新石器时期。在距今 8000 多年前的查海遗址，人们不仅发现了带有龙纹的陶片，还在该聚落址的中心位置发现了一条长约 20 米的用石块堆砌的龙。这条石堆龙是目前发现的最早最大的龙形象。

在《史记》中，司马迁借方士之口描述了史前时期黄帝与龙的故事："黄帝采首山铜，铸鼎于荆山下。鼎既成，有龙垂胡髯下迎黄帝……故后世因名其处曰鼎湖，其弓曰乌号。"

商周时期也有龙纹器物。据《尚书》记载，龙出现在服装上是舜的安排。舜当时提出了 12 种可以用在衣服上的纹饰，而龙纹只排第五，前面还有日、月、星、山 4 种纹饰。秦始皇被称为"祖龙"，但龙真正特指皇室，始于刘邦。《史记》中是这样记载刘邦的身世的："其先刘媪尝息大泽之陂，梦与神遇。是时雷电晦冥，太公往视，则见蛟龙于其上。已而有身，遂产高祖。"这段话是说，刘邦的母亲有一次在水塘边睡着了，梦到了天神。那个时候，天空雷电交加、乌云蔽日，刘邦的父亲去找刘夫人，远远看见好像有一条蛟龙盘在她身上。之后不久，刘夫人就有了身孕，后来就生下了汉高祖。而刘邦斩白蛇起义以及其母遇龙产子的传说，使得龙的形象变得神秘起来。

其后，龙逐渐成为帝王的象征。到了唐代，龙纹、龙形开始大量出现在皇室服章之上。从此时起，明黄开始成为皇家专用色，皇帝的朝服、礼服等上的主要图案是日、月、星、山等，龙纹是王公大臣也能用的。

到了宋代，龙袍第一次出现在服装制度中。宋代皇帝的一款袍服上规定要用龙纹，但颜色并不是黄色的，而是绛色的。同时，龙也在皇后的凤冠上出现，配置为九龙四凤。

龙纹成为皇家专属是从元世祖开始的。元世祖下令，禁止民间销售纹龙的布料；元仁宗也下令，官员服饰一律不许饰龙。但元代皇室认为龙是"五爪二角"，所以，无论是平民还是大臣都借机钻空子，制作或穿着四爪二角的类龙纹的服饰。至明、清，龙纹才被帝王大范围应用在衣物、生活用品、宫殿装饰上。有统计数据显示，仅故宫的太和殿中，就有龙13844条。

经元、明、清三代帝王强化后，龙成了皇室的象征。出于外交需要，从1900年起，黄龙旗正式成了清朝的国旗。

1903年，严复第一次把"图腾"这个概念介绍到中国。简言之，一大群人，彼此都认为有亲属关系，但是这个亲属关系不是由血族而生，乃是同认在一个特别的记号范围内，这个记号，便是图腾。

随后，图腾学说盛极一时，因为知识分子出于救亡图存的目的，急于普及、论证中国的民族概念，以便让民众能团结在民族独立的旗帜之下。但很多学者在中国到底应该以什么为图腾上，产生了分歧。

最终，在闻一多先生的推动下，学者们才确定下来了能够代表中国的图腾——龙。不过，闻一多先生也非常纠结："龙凤在帝制时代，已成为'帝德'与'天威'的标记，一姓的尊荣，便天然决定了百姓的苦难。万一非要给这民族选定一个象征性的生物不可，那就还是狮子罢，我说还是那能够怒吼的狮子罢，如果它不再太贪睡的话。"

一直到 20 世纪 80 年代，海内外关于华夏民族是"龙的传人"的概念，才真正深入人心。

鱼龙共舞

龙盛鱼衰的过程演示着文化主体信仰重心的位移，迫使中国的鱼文化逐步远离庙堂，不断向民间渗透。

虽然龙的地位越来越高，但古代百姓对龙的祭祀，并不是以祭祀"共同的祖先"为目的的。而鱼作为尊贵与吉祥的精神符号，一以贯之。其中，尤以被称为"百鱼之王"的鲤鱼为甚。

鱼，找到了让它的精神和生命力延续的更好的方式。

古人以鲤鱼为贵。《尔雅·释鱼》开篇，写的就是鲤。

关于鲤鱼的种种传说，神乎其神。据说，鲤鱼额头有字，是鱼中的帝王，或龙的化身。《清异录》有载："鲤鱼多是龙化，额上有真书王字者，名'王字鲤'。"《太平广记》中有载："龙门山在河东界，禹凿山断门，阔一里余，黄河自中流下。两岸不通车马。每暮春之际，有黄鲤鱼逆流而上，得者便化为龙。又林登云，龙门之下，每岁季春有黄鲤鱼，自海及诸川争来赴之。一岁中，登龙门者，不过七十二。初登龙门，即有云雨随之，天火自后烧其尾，乃化为龙矣。"这就是"鲤鱼跃龙门"。在这个广为流传的故事里，鲤鱼一跃成龙的转变，就是图腾转换留下的痕迹。此外，《太平广记》中还有多处关于鱼和龙的故事，如"北壁下有五色蛰龙，长一丈余，鲤鱼五六枚，各长尺。""（张温）获一鱼长尺许，鬐鳞如金，拨刺不已……逡巡晦暝，风雨骤作……或曰'所获金鱼，即潭龙也。'是知龙为鱼服，自贻其患。"

即便在龙是帝王象征的时代，"鱼龙"也可以并称。李白《猛虎行》"巨鳌未斩海水动，鱼龙奔走安得宁"中的"鱼龙"即指代皇帝。

大业五年（公元609年），隋炀帝在焉支山会27国使者，举行"万国博览会"。隋炀帝在观风行殿"盛陈文物，奏九部乐，设鱼龙曼延"，宴高昌王、吐屯设。"鱼龙曼延"这一节目更是将活动推向了高潮。"鱼龙曼延"实际上是杂技与幻术的结合。据说，这一节目是由人执持制作的珍异动物模型进行表演的，演出时大致有三个变化过程，先是巨兽戏于庭前，然后在殿前激水后化成鱼，连番跳跃后借助足以蔽日的烟雾化成黄龙。

至唐代，统治者继承并发展了前代对龙的推崇，龙朔、神龙及景龙等年号皆与龙有关。唐代更是兴起了崇鲤之风。鲤鱼被李唐王室视为兴盛祥瑞之物而加以保护和推崇的原因有二：一是鲤与李同音；二是李唐王室以老子李耳为祖，而鲤鱼又为道教圣物。

自唐以后，鱼文化逐渐脱离神秘而走向世俗，鲤鱼逐渐成为民间艺术中的吉祥物。而踏入人间烟尘，才能保持最旺盛的生命力。自此，鲤鱼有了更为强大的生命力和民间基础。更为重要的是，它不仅和一餐一饭深度关联，还用仪礼和寓意将自己变成了幸福吉祥的象征。

即便在龙是帝王象征的时代，"鱼龙"也可以并称

走向民间，才是最好的归宿

鱼，既是食物，也是美好的象征，更与人间烟火有了深度的融合。而在阿五，这样的深度融合有了更加创新的表达方式。

结束"黄河鲤鱼博物馆"之旅后，我们和阿五品牌创始人樊胜武一起到阿五的门店用餐。

远远望去，映入眼帘的便是一幅生动的"鲤跃龙门"图：两尾鲤鱼从奔流不息的黄河水中一跃而起，似乎下一秒便可成龙。走近一看，原来粼粼的波光是由鱼鳞元素组合而成。走进正门，金色的鲤鱼雕塑栩栩如生。天花板上，"鲤鱼"灯饰镶嵌在"河道"中，就像一条条乘风破浪的鲤鱼。除此之外，店内还有许多造型独特、随处可见的鲤鱼饰品。

除了门店环境，阿五的工装、餐具等，都融入了鲤鱼元素。阿五优秀员工荣誉墙上，是一条条逆流而上、奋勇争先的"鲤鱼"。阿五的吉祥物"鲤小萌"，更是陪着"鲤鱼们"走过了千山万水。

这里的"主角"，是河南头牌菜——红烧黄河鲤鱼。它从刀工到烹饪，再到颇有讲究的吃鱼礼仪，无不打上了鱼文化的深厚烙印。

这是另一场特别的宴会。

第二节　　吃鱼简史

正是用餐时间，阿五黄河大鲤鱼郑州英协路店座无虚席，来自全国各地的客人在这里品尝美味佳肴。这里是很多中原人宴请贵宾、家庭欢聚的首选之地。头牌菜——红烧黄河鲤鱼几乎每桌必点。在这里，吃鱼有着浓厚的仪式感。

这里选用的鲤鱼均来自黄河。它们体态修长，金鳞赤尾，肉质细嫩，四鼻四须。抽腥线、花刀解鱼、高汤调味、单锅现烧，经过一道道工序后，鲜香四溢的红烧黄河鲤鱼才能走向餐桌。这里的每条鲤鱼都有专属"身份证"和"纪念证书"。

鱼上桌，揭开食盖，便可看到它额头上的独特印记——那就是它的身份证明。黄河鲤鱼独特的口感和豫菜厨师的烹饪技艺完美融合，一筷下去，入口便是极致的味觉体验，滑嫩鲜香，回味无穷。

先民们为什么要吃鱼？

有学者认为，最早的人类是吃素的，吃的基本上都是植物的根、茎、叶和果实。人们开始吃肉后，获得了高质量的脂肪、蛋白质等，脑容量也逐渐变大。

在远古时期，先民们获得食物的主要渠道是采集和渔猎。对当时的人们来说，狩猎是一件很危险的事情，因为在和大型动物搏斗的过程中，随时可能丢掉性命。而当时地球上宽广的海洋和随处可见的湖泊、河流，为人类提供了丰富的食物资源——鱼。

作为一种水生动物，大部分鱼类对人是没有攻击性的，捕鱼的危险性远比狩猎要小得多。所以对远古的先民们而言，鱼是一种资源丰富又相对容易获得的生物，是很好的肉食来源。从生食到熟食，从即食到贮藏，鱼类为促进先民们的生存发展作出了重要贡献。

鱼类食物的捕捞和制作，还促进了工具的发明和使用，渔猎生产由最初的手工捕捉、棒打石击、做栅拦截和围堰竭泽等，发展为钩钓矢射、叉刺网捞、镖投笼卡及舟桨驱取等形式，原始渔业已开始成形。

鱼类食物的捕捞和制作，还促进了工具的发明和使用

想吃牛、羊、猪可并不容易

相比较鱼而言，牛肉、羊肉、猪肉等的获取、驯化则要难得多。

在石器时代，捕捉攻击性强、性格暴躁的群居野牛，甚至需要远古先民付出生命的代价。但牛肉的美味对于先民们的诱惑太大了，先民们开始驯化野牛。野牛被驯化后，因其繁殖率低、养殖难度大等，并没有成为先民们主要的肉食来源。

至少在13世纪之前，牛肉都不是世界上主流的肉食。

在中华文明史上，很长一段时间内，牛肉都被视为最高级的祭品，位居祭祀大典所用的"三牲"之首。

商周时期，贵族们平日里也很少吃牛肉，只有在每月的朔日（即初一）才能尝一尝。《礼记·王制》有载："诸侯无故不杀牛，大夫无故不杀羊，士无故不杀犬豕，庶人无故不食珍。"春秋战国时期，牛肉仍然比较稀贵。《左传》记载了这样一件事：秦师袭郑，到达滑国。郑国的商人弦高去做买卖的路上碰到了秦军。为了稳住秦军，他先送给秦军4张熟牛皮，后又送12头牛犒劳秦军，同时赶紧派人向郑国报告。用12头牛犒劳秦军，这在当时已算是一份非常有分量的礼物了。

后来，随着铁制农具和牛耕的普遍推广，统治阶层为了发展农业，禁止私宰耕牛，甚至将杀牛等同于杀人，限制民间食用牛肉。就算是正常死亡的耕牛，农户想要出售牛肉还要到衙门进行报备，并且，处理之后的牛皮以及牛筋都要上缴衙门作为军资储备，手续十分复杂。

羊也是最早被人类驯化的肉用家畜之一。从远古时期到商周时期，羊的主要功用是祭祀和为贵族士大夫提供肉食。周朝还有专门掌供羊牲等的官职——羊人。《周礼·夏官》记载："羊人掌羊牲。凡祭祀，饰羔。"春秋时期以后，羊开始逐步走向民间，但直至唐宋时期，羊仍是百官富商们的食物。

养羊，需要大片可供放牧的草场，更需要耗费大量的劳动，这对于黄淮地区的小农户而言是最难实现的。事实上，从两汉到唐宋，养羊大户一直是占有广大土地的大地主们，羊肉鲜美，价格不菲，寻常的百姓难得一品。

与牛羊一样，猪也是远古先民驯化的成果。目前所知的中国最早的家猪出自距今八九千年的河南省舞阳县贾湖遗址。当时，中原地区可能已出现规模化养猪。秦汉时期有"牧豕人"，即放猪者。事实上，直至唐宋时期，百官和富商们的主要肉食来源仍是羊肉。在夏商周乃至汉朝，猪肉并不入流，是寻常百姓吃的。尽管如此，民间吃猪肉也不是那么容易的。一是猪的养殖周期长达两三年，消耗的食物很多，寻常农户只是零星散养，吃猪肉难以形成气候。二是市场对猪肉的需求一直不旺，直到唐宋之后，大城市逐渐兴起，才催生了养猪产业的发展，开始有人专门大量养殖。这也导致长期以来，民众对于烹饪猪肉并没有什么经验，所以宋朝时有"贵人不肯食，贫人不解煮"的说法。直到苏东坡对猪肉做法进行了改良后，猪肉才被社会各阶层广泛接受，逐渐成为市镇屠宰业的大宗。

最容易获得的，还是鱼

对于黄河流域的先民们来说，如果要评出没有危险且美味的鱼，鲤鱼会是首选。

商周时期，中国就有了吃鱼的记载。西周的周宣王就是吃生鱼片的猛人。据《诗经》和出土的青铜器铭文记载，公元前823年，大将尹吉甫和张仲率兵击败了猃狁。他们回朝后，周宣王在宴会上以"炰鳖脍鲤"大宴诸侯，那时候的脍鲤便是细切的鲤鱼片。孔子也提过"食不厌精，脍不厌细"。可见，中国人吃生鱼片是很早的。切脍，越细越好，首选仍是鲤鱼。

《诗经·国风·陈风》中有："岂其食鱼，必河之鲤？"这句话的意思是：难道吃鱼一定要吃黄河中的鲤鱼吗？当然，这一句后面还紧跟了一句："岂其取妻，必宋之子？"难道娶妻一定要娶宋国贵族女子吗？此诗的作者将鲤鱼与宋国的贵女并提，可见在当时，黄河鲤鱼是他们眼中极为珍贵难得的食物。汉代有"薄耆之炙，鲜鲤之脍"；唐代则将鲤鱼的尾巴视作"八珍"之一；元代则有将鲤鱼皮和鲤鱼鳞熬制成"水晶脍"的记载；清代梁章钜的《浪迹丛谈》中有"黄河鲤鱼，足以压倒鳞类，然非亲到黄河边，活烹而啖之，不知其果美也"。

中国还是世界上最早养殖鲤鱼的国家。

在距今八九千年的贾湖遗址中，人们发现了世界上最早的人工养殖鱼类的痕迹。殷商出土的甲骨卜辞中有"贞其雨，在圃渔""在圃渔，十一月"等，这里的"在圃渔"，即指在园圃之内捕鱼，证明我国在殷商时期已开始在池塘养鱼了。至周朝，池塘养鱼业更为流行。

春秋末期的政治家、军事家、经济学家，后被人们称为"商圣"的范蠡，就是一个非常喜欢养鲤鱼、吃鲤鱼的人。他养鲤鱼，有一套自己的方法，认为在池塘里人工饲养鲤鱼可以推动经济的发展。他认为，如果养3年鲤鱼，越国的经济可以一跃千丈。他还把自己的一套养鲤鱼方法写成了《养鱼经》，详细地介绍了池塘养鲤的建池、选种、自然孵化、密养轮捕等。《养鱼经》是世界上第一部讲述养鱼方法的专著，领先了世界上千年。

到了汉代，养鲤已形成规模生产。稻田养鱼始于东汉，青鱼、草鱼、鲢鱼、鳙鱼饲养始于唐代，鲻鱼饲养始于明代。明朝黄省曾的《种鱼经》、徐光启的《农政全书》及清朝屈大均的《广东新语》等古籍，对养鱼的论述更为详细。

在肉食资源得之不易的年代，鱼，给人们提供了美味的肉食和必不可少的营养。

第三节　　以鱼为载体之哲思

除了入口味美，黄河鲤鱼身姿矫健，昂首翘尾，在很长时间内，带着"跃龙门"的美好寓意，成为进取和命运转折的象征。

影响中国至深的儒、释、道，在河南的登封实现了"三教合一"，依托嵩阳书院、少林寺、嵩山，融合得天衣无缝。

这种无缝融合，也可以借鱼来诠释——阴阳变换、祸福转合。穷则独善其身，达则兼济天下。

子非鱼，安知鱼之乐

在古人眼里，天河、地川相连，水浮天而载地。和水深度关联且被人们赋予了沟通天地、生死神职的鱼，自然而然便成了人们思考时的最佳载体。

庄子在《逍遥游》中说："北冥有鱼，其名为鲲。鲲之大，不知其几千里也。化而为鸟，其名为鹏。鹏之背，不知其几千里也。"庄子对这种巨鱼的想象与鱼可浮天载地的信仰有极大关联。此神鱼化为可高飞9万里的鹏鸟，与鲤鱼化龙有异曲同工之妙。

庄子很喜欢用鱼表达他的哲学思想。庄子和惠子关于鱼有如下辩论："子非鱼，安知鱼之乐？""子非我，安知我不知鱼之乐？"这正体现了庄子的辩证思想。

"易有太极，是生两仪。"阴阳两仪被视作宇宙生成的最初的两个元素。阴阳两仪通常以双鱼图的形式出现，而阴阳二鱼又合太极图，是为道的象征。琴高成仙后乘鲤涉水和子英乘鲤升仙，均体现了鱼作为神使在道学中的崇高地位。

不仅道家学派的庄子喜欢鱼，儒家学派的孟子也喜欢借鱼来表达自己的哲学思想，如孟子在《鱼我所欲也》中以"鱼和熊掌"作比，宣扬"舍生取义"的主张。

此外，孝文化作为儒家伦理思想的核心之一，是千百年来中国社会维系家庭关系的道德准则，更是中华民族的传统美德。而在我国孝

文化中，同样有鲤鱼的身影。"涌泉跃鲤""卧冰求鲤"等故事，更
为鲤鱼增添了一些人伦色彩。

以鱼为载体的哲思

皇帝的"远房亲戚"

我国古代有崇鲤之风。在春秋战国时期，鲤鱼就被当作贵重的馈赠礼品。据《孔子家语·本姓解》记载，孔子的孩子出生后，鲁昭公贺之以鲤，孔子深以为荣，为其子取名曰鲤。

西汉刘向的《列仙传》中记载了琴高升仙后乘鲤涉水和子英乘鲤升仙的故事，此后，便有人将乘鲤视为得道成仙的标志。唐代统治者以老子后人自居，积极扶持道教，以神化、巩固王权。唐代文人也常化用"琴高乘鲤"这一典故来表现仙家意境，如李白的"赤鲤涌琴高，白龟道冯夷"，皮日休的"琴高坐赤鲤，何许纵仙逸"，岑参的"愿得随琴高，骑鱼向云烟"以及陆龟蒙的"东游借得琴高鲤，骑入蓬莱清浅中"和"知君便入悬珠会，早晚东骑白鲤鱼"等。

在唐代，鲤鱼成了被保护和推崇的对象，真正跃进了人间的"龙门"。李唐王室以"鲤鱼生角"，暗示"李"与"龙"的关联。《大业杂记》记载："清冷水南有横渎，东南至砀山县，西北入通济渠。忽有大鱼，似鲤有角，从清冷水入通济渠，亦唐兴之兆。"后来，唐玄宗游漳河，亦曾见赤鲤腾跃。唐段成式的《酉阳杂俎·鳞介篇》中记载："国朝律：取得鲤鱼即宜放，仍不得吃，号赤鳏公。卖者杖六十，言鲤为李也。"

鲤鱼就这样成了"皇亲国戚"，不仅无人敢捕，更无人敢吃。

在朝礼方面，除了先秦的"鱼祭"之礼，唐代又改虎符为鱼符，

李唐王室称鲤鱼为赤鲜公，改虎符为鱼符。唐代盛行鱼符、鱼袋之制

并盛行鱼符、鱼袋之制。唐朝以前，兵符为虎形，称虎符。唐朝建立后，明确了鱼符制度，改虎符为鱼符。这样做一是为避唐高祖李渊祖父李虎讳，二是因为鲤和李同音，且鲤是"鱼之主""能神变"，可跃龙门而成龙。

在唐代，鱼符不仅能调兵遣将，也是朝廷官员上任时能证明身份的信物。新官员拿着朝廷颁发的鱼符与原官员手中的另一半鱼符相合，便可证明新官上任是朝廷的命令。

另外，唐代五品以上文武官员必须佩戴鱼符，以辨尊卑、明贵贱，作为上朝、进宫之凭证。据《朝野金载》记载，当时九品以上的官员不仅佩戴鱼符，用来盛放鱼符的袋子也被做成鱼的形状。

鲤鱼跃龙门

《太平广记》中有载，河东有处龙门山，相传，大禹治水时曾在这里凿山断门。黄河流过此地，从中间奔腾而下，两岸连车马都不能通行。但是，每年暮春三月，都会有无数黄河鲤鱼从龙门山逆流而上。

也许是古人观察到的鱼类洄游现象，也许是古人对鱼图腾的崇拜，鲤鱼逆流而上最终演化成了"鲤鱼跃龙门"。古人将美好的祈愿寄托在了这一传说中。他们相信，鱼儿逆流跃过龙门山便可幻化成龙，只是鱼儿在跃过龙门之后还要经历一场生死浩劫——"天火烧尾"。"有云雨随之，天火自后烧其尾，乃化为龙。"而没有成功跃过龙门的鱼，额头上会留下碰触石壁后的痕迹，即点额。

隋唐开创的科举制度，为入仕提供了机会，在那个充满进取的年代，"朝为田舍郎，暮登天子堂"不再是奢望。李白《与韩荆州书》就写道："一登龙门，则声价十倍。"士子一旦中举，那就真正彻底改变了命运，才能"春风得意马蹄疾，一日看尽长安花"。

而在唐代，士子登科或官员升迁后常会举办宴席，即烧尾宴，取义步步高升。《旧唐书》记载："公卿大臣初拜官者，例许献食，名曰烧尾。"唐中宗景龙二年（公元708年）韦巨源官拜尚书令后，举办了"烧尾宴"并记下了宴会上的菜名、用料以及简要的烹饪方法。后来，这份食谱被人抄录在了《清异录》中。后人将这份食谱称为《韦巨源食谱》或者《韦巨源烧尾宴食单》。这份食谱虽然不完整，且记载简略，但是依然令人叹为观止。其中流传下来的58道菜中有糕点20多种，菜肴30多种，饭、粥、点心、脯、鲊、酱、菜肴、羹汤等，无一不备，可与"满汉全席"媲美。

学而优则仕，科举制度，使"鲤鱼跃龙门"由梦想变为现实。

"鲤鱼跃龙门"承载了士人对登科中举的美好期待，可一旦仕途失意，他们便又期待回归自由。

李白官场失意自请还山后写道："黄河三尺鲤，本在孟津居。点额不成龙，归来伴凡鱼。"李白自比为黄河鲤，以"点额不成龙"暗示仕途不顺，含蓄地表达了自己怀才不遇的郁闷之情。白居易在登科入仕后也作有《点额鱼》一诗："龙门点额意何如，红尾青鬐却返初。见说在天行雨苦，为龙未必胜为鱼。"此时的白居易虽成功跃过龙门，但他也知道了入仕远没有想象中美好。

每个人的心里都住着一个渔父

如果用一句话概括士人的理想，那便是穷则独善其身，达则兼济天下。跃过龙门，自然春风得意，但如果跃不过，或者跃了之后发现风浪更大，是否有回旋的余地？

也有，甚至依然和鱼相关，如渔父。

在中国人的精神意象里，渔父一直是一种特立独行的存在。

最早的渔父形象是姜太公。他垂钓于渭水之滨，曾向渔民请教钓术，"初下得鲋，次得鲤"。但他真正的目的不在钓鱼，而在求仕。后来，姜太公被文王邀请出仕后，尽心尽力辅佐文王、武王，成为周朝开国功臣。

还有一位著名的渔父，则被屈原写于《楚辞》中。屈原与渔父的对话甚至成为一个哲学辩题。

当时，屈原仕途失意，颜色憔悴，形容枯槁，胸中愤懑难平。他对询问他的渔父说："举世皆浊我独清，众人皆醉我独醒，是以见放。"可渔父并不同意屈原的观点，他认为，圣人不会死板地看待事物，总能随世道一起变化。世人皆浊，为何不搅浑泥水扬起浊波？众人皆醉，何不一同食酒糟、饮美酒？为什么要想得太多而又自命清高，以至于让自己沦落到被放逐的境地？屈原继续向渔父说，世俗容不下他，他"宁赴湘流，葬于江鱼之腹中"。渔父笑了，摇起船桨，乘流泛舟，唱起了《沧浪歌》："沧浪之水清兮，可以濯吾缨；沧浪之水浊兮，可以濯吾足。"渔父的身影渐渐远去，而屈原也没有妥协，化为一股清流，长留世间。

渔父既是屈原的对立面，也是另一个"屈原"，一个隐身避世的"屈原"。也许他们二人都没有错，只是在昏暗中选择了不同的活法。

要说符合"自由"渔父形象的，当属东汉严子陵。他是汉光武帝刘秀的同学。光武中兴后，严子陵隐居在富春江畔，每日披着羊裘垂钓。刘秀请他到宫中做客，许以高官厚禄，但严子陵仍坚决不受，飘然归去。一千年后，被贬谪的范仲淹在参观严子陵祠堂时，心生敬仰，写下了"云山苍苍，江水泱泱，先生之风，山高水长"。

《南史·隐逸传》记载了另一位渔父的故事，并将他与陶渊明、宗少文等隐士放在了同等的位置。

这是一位隐居浔阳江头的无名渔父。

一日，浔阳太守孙缅在江边闲游，看到一叶扁舟在江中若隐若现，舟上渔父神韵潇洒，垂纶长啸。孙缅感到诧异，问渔父："有鱼卖乎？"

渔父笑道："我的钓钩不是用来钓鱼的，怎会有鱼可卖？"孙缅更加惊奇，拉起衣裳，光着脚走到水中，说："先生一定是位世外高人。如今政通人和，您为何不出山辅佐朝廷，以博取黄金白璧、驷马高盖，而是在江湖中当个隐士呢？"渔父回答说："我是山水之中的狂人，不知世务，也分不清贫贱，更别说荣华富贵了。"之后，渔父鼓棹，悠然而去。他离去时，唱着："竹竿籊籊，河水浟浟，相忘为乐，贪饵吞钩。非夷非惠，聊以忘忧。"

此外，还有一则与鱼相关的故事。

西晋时，吴县人（今江苏苏州）张翰到京城洛阳为官。这一时期，八王之乱搅得西晋王朝天翻地覆，大厦将倾，人人思危。

　　一日，秋风起，身在洛阳的张翰想起了家乡的菰菜（即茭白）、莼羹、鲈鱼脍。张翰本是南方人，莼羹鲈脍是他家乡的地道美食。在京都洛阳，他非但品尝不到家乡的味道，还有可能因朝堂之争有性命之忧。张翰不禁感叹道："人生贵在舒适自得，岂能为了追名逐利而远行千里。"

　　过了不久，张翰便辞官归乡，留下了"莼鲈之思"的佳话。

第四节　　客从远方来，遗我双鲤鱼

"赠您一个鲤鱼香囊，祝您吉祥如意，年年有余！"

在阿五吃红烧黄河鲤鱼时，有一个重要的仪式，即赠香囊。

香囊是鲤鱼形状的，金线刺绣，装着时令香料。这种赠香囊的仪式，让人们体会到了古人雅致含蓄的传情方式。

鲤，是爱情的象征，也是最美的"信使"，寄托着人们对多子多福、幸福美满的期盼，对家国丰稔的祈望。

以爱情为名

"江南可采莲，莲叶何田田。鱼戏莲叶间。鱼戏莲叶东，鱼戏莲叶西，鱼戏莲叶南，鱼戏莲叶北。"这首汉代乐府诗，以极其委婉的方式，表达了男女间的爱情。

闻一多先生在《神话与诗·说鱼》中写道，鱼之所以能作为"匹偶""情侣"的象征，主要还是源于其繁殖功能。他进一步探源："为什么要用鱼来象征配偶呢？这除了它的繁殖功能，似乎没有更好的解释。大家都知道，在原始的观念里，婚姻是人生第一大事，而传种是婚姻的唯一目的，这在我国古代的礼俗中表现得非常清楚，不必赘述。种族的繁殖既如此被重视，而鱼是繁殖力最强的生物之一，所以在古代，把一个人比作鱼，在某一意义上，差不多就等于恭维他是最好的人。而在青年男女间，若称对方为鱼，那就等于说：'你是我最理想的配偶！'"

著名民俗学家孙作云也说过类似的话。《〈诗经〉恋歌发微》从民俗学的视角分析了鱼意象的隐意："因为古代男女在春天聚会、在水边祓禊唱歌，即景生情，因物见志，所以在诗中往往用钓鱼、食鱼来象征恋爱，寻致成为一种专门性的隐语。"他甚至提出，《诗经·关雎》以鱼鹰求鱼象征男子向女子求爱。

就具体形式而言，数千年传承不息的双鱼图和鱼鸟图，最直观地展现出了人们对生殖的崇拜。

婚礼时取用的双鱼纹铜镜、洞房窗上的双鱼窗花等，都体现了鱼文化在婚俗中
的求偶乞嗣的象征功用。人们见面有时会问："啥时吃你的鲤鱼？"这就是在
问啥时候能吃上你家的喜酒

双鱼图滥觞于新石器时期，是合欢、生殖的象征，成了后世夫妇婚合与求子乞嗣的意象符号。例如，战国漆杯、陶豆，汉代铜洗、墓砖，晋代及元、明铜镜，唐代银盘、银洗、鱼瓶，宋、辽、金首饰与铆饰，宋以后的瓷器等，多以双鱼纹为吉祥图饰。

婚礼时取用的双鱼纹铜镜，新妇到夫家前撒钱模拟"鲤鱼散子"的仪式，洞房窗上双鱼窗花和双鱼挂饰，室内陈设的祭祖面鱼，以及议婚中以鱼为"纳采"的聘礼等，都体现了鱼文化在婚俗中的求偶乞嗣的象征功用。中国南方有些地区仍然有这样的古礼：男方行六聘之礼时，需要送鲤鱼给女方，预示着双方婚后美满，多子多福。

在宋代，男女双方订婚时，女方回礼会用到鱼和箸。《东京梦华录·卷五·娶妇》中记载："女家以淡水二瓶，活鱼三五个，箸一双，悉送在元酒瓶内，谓之'回鱼箸'。"回鱼箸礼仪中，鱼谐音如，取如意之意；箸音同注，取注定之意，二者均为祈子的吉祥物。这种把鱼作为定亲礼的民俗至今仍在一些地方流行，北方很多地区以鲤作为定亲的六样礼或八样礼之一，以象征喜庆、福气。

究其原因，一是鲤与礼同音，鱼与余同音，鲤鱼旺盛的繁殖能力与中国传统文化中人们对多子多福、人丁旺盛的幸福生活的期盼契合；二是鱼与水的关系正是夫妻之间感情深厚、荣辱与共的真实写照，以鱼水之情比喻夫妻之情，正是希望新人婚后能和和美美、相亲相爱。

一直到 20 世纪 80 年代前后，新婚贺礼还有印有鲤鱼的脸盆。如今在河南东部、山东、苏北等地，人们见面有时会问："啥时候吃你的鲤鱼？"这就是在问啥时候能吃上你的喜酒或是你家孩子啥时候结婚。如果经媒人介绍而相识相知的情侣喜结连理，答谢媒人时还会说："请您吃大鲤鱼！"

鱼传尺素

鲤鱼不仅有美好的寓意，也一直被人们视为可以和外界沟通的信使。

先秦时期，人们就开始参照鲤鱼的形状把木板制成鱼形的信封。

汉代乐府诗《饮马长城窟行》写道："客从远方来，遗我双鲤鱼。呼儿烹鲤鱼，中有尺素书。长跪读素书，书中竟何如？上言加餐食，下言长相忆。"诗中的"双鲤鱼"，便是制成鱼形状的信封，由两块木板组成，书信夹在中间。"尺素"是可以书写的白色丝绢，代指书信。诗中人收到了远方寄来的信，拆开一看，信中既有"加餐食"的关切，又有"长相忆"的思念，细腻深沉的情感跃然纸上。

古代信封制成鲤鱼形，被称为"鲤""双鲤""鲤素""鲤封""鲤书"等。唐代信封仍做成鲤鱼形，信封两面画鳞甲，称为"鲤鱼函"。李商隐《寄令狐郎中》中有"嵩云秦树久离居，双鲤迢迢一纸书"，杜牧《别怀》中有"他年寄消息，书在鲤鱼中"，还有孟浩然的"尺书能不吝，时望鲤鱼传"，杜甫的"虽无南去雁，看取北来鱼"，元稹的"凭仗鲤鱼将远信，雁回时节到扬州"，都是将"鲤鱼"视为了传递信件的"使者"。

唐代以鲤鱼作礼物时，一般是一次送两条。张子容的"忽逢双鲤赠，言是上冰鱼"，杜甫的"眼前所寄选何物，赠子云安双鲤鱼"，常建的"因送别鹤操，赠之双鲤鱼"，以及方干《寄江陵王少府》的"波涛一阻两乡梦，岁月无过双鲤鱼"中均有提及。赠双鲤鱼主要在好友之间进行，逐渐成为友谊的象征。

鱼是吉祥的象征，也是最美的"信使"。古代信封会制成鲤鱼形，被称为"鲤""双鲤""鲤素""鲤封""鲤书"等

给客人最好的礼遇

在中国传统文化里，人们常将鱼作为富裕丰收的象征，而招待客人有没有鱼，也在一定程度上表现了主人对客人的重视程度。

《诗经·小雅·鱼丽》一诗的作者便借宴会上的鱼的品种之多，表现了主人待客殷勤、宾主尽欢的情景。

鱼丽于罶（liǔ），鲿（cháng）鲨。君子有酒，旨且多。

鱼丽于罶，鲂（fáng）鳢（lǐ）。君子有酒，多且旨。

鱼丽于罶，鰋（yǎn）鲤。君子有酒，旨且有。

物其多矣，维其嘉矣！

物其旨矣，维其偕矣！

物其有矣，维其时矣！

诗中不厌其详地提到鲿、鲨、鲂、鳢、鰋、鲤六种鱼，足见当时宴会上菜品之丰盛，可见主人为这位客人的到来做足了准备，拿出了最大的诚意。

《冯谖客孟尝君》中，冯谖倚柱弹其剑，用"长铗归来乎！食无鱼""长铗归来乎！出无车"来表达他对自己不受尊重的不满。而后，他得到了食有鱼、出有车的礼遇。后来，人们便以"车鱼"来表示受人器重。如南唐李中《哭故主人陈太师》中的"车鱼郑重知难报，吐握周旋不可论"，宋代邵伯温《河南邵氏闻见录》中的"恩私何啻于车鱼，报效不如于犬马"。

时至今日，人们在款待重要宾客时，仍会拿出最大的诚意。而宴席上的那条鱼，就是肝胆相照、赤诚以待的见证。

无酒不成席，无鱼不成宴。上鱼的时候，鱼头对着谁，谁就要先喝酒，然后喝了鱼头酒的客人先动筷表示谢意——意为剪彩，此后其他人才能动筷吃鱼。

吃鱼时，吃不同部位有不同的讲究：吃鱼眼，高看一眼；吃鱼唇，唇齿相依；吃鱼脸，给个面子；吃鱼鳍，一帆风顺；吃鱼腹，推心置腹；吃鱼尾，委以重任。

鱼，承载着人们对年丰物阜的祈望

"国之大事，在祀与戎。"因而在祭祀时，人们往往会祭献出最珍贵的物品，而鱼也长期担任着祭品的功能。

中国文学史家陈子展先生曾说，远在旧石器下期、中石器初期，人类已知摩擦取火，而以渔猎为生，至发生宗教，相信死后生活，乃有专用鱼类献祭之原始仪式。进入奴隶社会，此仪式仍作为一种正式祭典，不过可视为原始氏族社会旧俗之残余而已。

《诗经·周颂·潜》是与鱼有关的祭祀诗，记述了周天子以各种鱼献祭于宗庙的盛况，写了藏在漆水、沮水深处的各种各样的鱼。

猗与漆沮，潜有多鱼。

有鳣（zhān）有鲔（wěi），鲦（tiáo）鲿鰋鲤。

以享以祀，以介景福。

　　从诗中所述的鱼的品种之繁以及人们对鱼类品种的熟知程度，我们不难看出当时渔业发展的繁盛状况。"以（鱼）享以（鱼）祀，以介景福"，是饮水思源、祈求福佑的祭祀活动。如果将鱼换成其他的祭品，会损害祭祀的意蕴，富裕丰收的意味也荡然无存了。因此，我们有理由推断：时至今日仍然广泛流传的"年年有鱼（余）"年画，除夕宴上让鱼完整地进入新一年的民俗，和《诗经·周颂·潜》所描写的祭祀是一脉相承的。诗的末句所祈之福就是"有余"。

　　南方人吃鲤鱼吃得少，但祭祖时绝对少不了鲤鱼，祭祀的形式也多种多样。广东一些地区在祭祖时会选取一尾活的红鲤鱼，给鲤鱼灌上酒，寓意净化灵魂、消灾除厄。如果红鲤鱼跳动起来，则代表着来年的生活可以更上一层楼。在苏北，人们祭祖时，会在祭台上摆鲤鱼、猪头和公鸡，祭拜者集体跪拜在台前，同时还有人一边念祭词一边上贡品。浙江台州有正月初三接土地爷的习俗，传说土地爷会在腊月二十七到天上娘舅家拜岁，正月初三夜才回来，所以人们要在这一天傍晚接土地爷。接土地爷前，人们要先将包袱、雨伞准备好，桌上放上活鲤鱼、水果和其他食物，点3支香，出门朝西北方向走，打着伞将土地爷接回，第二天还要再去祭拜土地爷，以保佑这一年五谷丰登、风调雨顺。

　　除祭祖外，一些地区的祭天、祭神活动中也会用到鲤鱼。宁波商人在农历正月初五"请财神"时也要祭两条活鲤鱼，祭完后由两人同

年夜饭中的这条鱼，在中国人的心里，是希望，是祝福

时放入江河，以祈求"生意兴隆通四海，财源茂盛达三江"。湖北省武汉市新洲区渔民在每年客商买得鱼苗后，即在江边焚香烧纸；过春节，人们习惯用鲤鱼敬神，有"鲤跃龙门，步步高升"的兆语。

当然，也有一些地方不把鲤鱼用作祭祀品，如山东一些地区便禁止用鲤鱼祭祖，这与孔鲤有关。孔氏族人为了避孔鲤的名讳，在祭祀时一律不用鲤鱼，并将鲤鱼改称为红鱼，这个习俗一直延续至今。

年夜饭这条鱼，在中国人的心里，是希望，是祝福。这条鱼要完整，有头有尾，以表示做事要有始有终，才能功德圆满。全家人的心愿都寄托在这条鱼身上，这条鱼已超越食物的概念，成为幸福生活的标志。辞旧迎新之际，谁不希望家有余粮、家有余钱呢？谁不希望年年如此呢？

由此可见，中华民族一直是个生活在希望中的民族。哪怕承受着苦难或贫困，也能跟一条象征着丰稔的鱼相濡以沫，获得心理上的安慰。

而希望本身，就是中华民族最强盛的生命力。

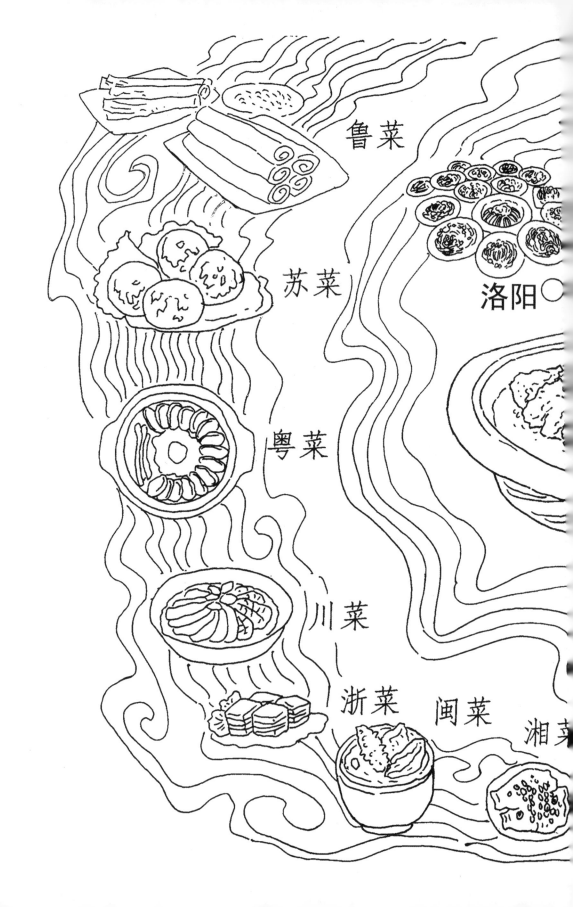

鲁菜

苏菜

洛阳○

粤菜

川菜

浙菜　　闽菜　　湘菜

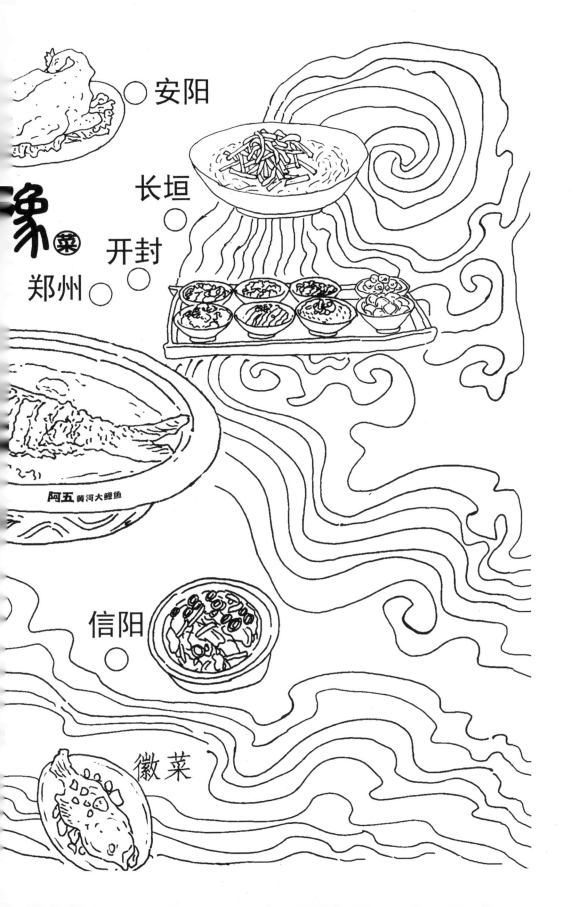

安阳

长垣

开封

郑州

豫菜

阿五黄河大鲤鱼

信阳

徽菜

第二章

豫菜头牌

每天凌

猪肘和老母鸡

渐渐汤色浓

的菜品，不

汤"，保留了

成就了一道

黄河

河南，承接着

家国同构，

一条鱼

的集大成者

然而，

淡出了人们的

第一节　　黄河之水天上来

中国人讲究"无鱼不成宴，无鲤不成席"。宴请宾客必有鱼，自然也就少不了鱼头酒。年夜饭更少不了这条鱼。

黄河鲤鱼沿蜿蜒奔腾的黄河水栖息，自上游而下，串起了中国农耕文明的发源地，并且深度影响了今天的餐饮文化。

黄河之上有龙门

黄河在晋陕两省之间斩出了一条700多公里的深邃狭长的晋陕大峡谷。而从宜川壶口到韩城龙门之间，又有着著名的"黄河三门"，即宜川孟门、乡宁石门、韩城龙门。

孟门古镇北接碛口，南临军渡，东靠柳林，西隔黄河与陕西吴堡相望。相传，此地是大禹治水的首站。孟门而下60公里，便到了石门。滚滚激流，变成一束，从几十米宽的峡谷中喷射而出，而后，直下千里，两岸悬崖断壁，唯"神龙"可越。

龙门即禹门口，位于今山西河津市和陕西韩城市交界处。黄河至此，两岸峭壁对峙，形如门阙，故名。

相传每年三月，黄河中下游的鲤鱼都要逆流而上，聚于龙门前，全力腾跃以图成龙。

关于"鲤鱼跃龙门"，还有一种说法。相传，禹辟伊阙以后，游息于河南孟津（今洛阳下辖县）黄河中的鲤鱼，顺着洛、伊之水逆行而上，游到伊阙龙门（今洛阳龙门石窟所在地）时，波浪滔天，纷纷跳跃，意欲翻过。跳过者为龙，跳不过者额头上便留下一道黑疤。李白《赠崔侍御》中的"黄河三尺鲤，本在孟津居。点额不成龙，归来伴凡鱼"便是这一说法最好的佐证。

奔流不息的黄河水以滔滔洪流，讲述着人类文明的浩大命题。

远古先民陆续聚集在黄河边采集、渔猎。他们披荆斩棘，辛勤劳作，

相传，禹辟伊阙以后，黄河鲤鱼顺着洛、伊之水逆行而上，游到伊阙龙门处纷纷
跳跃，意欲翻过。跳过者为龙，跳不过者额头上便留下一道黑疤

繁衍生息，迎来了文明的第一缕曙光。

八九千年前，新石器时代早期的裴李岗文化，向世界宣布中国的原始农业在这里发生。大约在 6000 年前，仰韶文化星罗棋布，空前繁荣，彰显了当时黄河文化主导中国文明发展的中心地位和强势特征。继而兴起的龙山文化，带来了深刻的社会变化。再后来，黄河流域聚居着许多氏族聚落。以三皇五帝为代表的中华人文始祖群体，主导实现了中国历史上第一次大融合，并为聚落向民族演化做好了准备。

如今的黄河，从巴颜喀拉山北麓起步，汩汩东行，沿途流经青海、四川、甘肃、宁夏、内蒙古、山西、陕西、河南、山东 9 个省（区），并从山东注入渤海，看尽万古沧桑。中华文化的主体植根黄河流域，又向四周辐射扩展，兼容并蓄，多元一体，创新发展。黄河为中华儿女塑造了百折不挠、勇往直前的民族性格。血脉维系，家国同构，奔腾浩荡，生生不息。

河南所在的黄河中下游地区，是华夏文明的重要发祥地，也是中国饮食文化的摇篮，有着深厚的原始文化遗存。

烹饪方法和器具的出现

豫菜文化是中国烹饪文化衍生、发展的基石，在中国烹饪文化发展史中占据重要地位。豫菜深度影响了中国的饮食文化。

在如今河南商丘的火神台西侧，有一座燧皇陵，纪念的是发明人工取火的圣人——燧人氏。

在旧石器时代晚期，黄河中下游地区的先民学会了人工取火。钻木或钻燧都是人工获取火种的方法，于是新的熟食方式——"炮"也随之出现。

黄河中下游地区是中国饮食文化的摇篮

大约 1 万年前，在黄土地带和黄河冲积地带，先民们陆续进入农业时代，随之，畜牧业兴盛起来。进入新石器时代，食材也不断增多，为烹饪方法的丰富和烹饪器具的出现提供了条件。

远古的先民发明了陶器后，开始用它来烹饪食物。这样一来，煮、蒸等烹饪方法开始出现，奠定了宋代以前在中国盛行了数千年的羹类菜肴烹饪方法的基础。

新石器时代的陶器中，除了有我们熟悉的罐、盆、瓶、壶、碗、碟、杯、盘，还有陶甑。甑是一种蒸食器具，可加肉、米等后置于鬲之上。陶甑的出现，对于黄河流域的饮食文化意义重大。

商周时期，青铜器的出现使得饮食器具开始向形制多样化的方向发展。如鼎用来炖肉或盛肉，釜用来煮汤，甗用来烧水、做饭……炊具的多样化，说明烹饪由简单操作逐渐成为一种专门技术。随着时间的推移，烹调方法发展到烧、烤、烹、涮、炒、余、炸、浸、烙、煎、煨、炖、熬、蒸、焖、烩等 20 多种。刀功、火候、调味品也开始受到广泛的注意。周天子所食的"八珍"就是多种烹调方法与精湛的刀功、恰当的火候、适中的调味相结合的产物。

专职的厨师和大型宴会

河南禹州城有个古钧台遗址。中国历史上有记载的第一场"王的盛宴"就发生在这里，史称"钧台之享"。

大禹去世后，其子夏启为废除禅让制，进一步巩固王权，"大飨诸侯于钧台"。这次会面也确立了夏启的"共主"地位，开启了"家天下"的时代。

随着社会生产力的发展，专职的厨师开始出现。夏代的第六位君主少康，曾当过有虞氏的庖正。传说，他不仅善于烹调，还长于"调和"诸侯。

商代著名大臣伊尹，被称为"中华厨祖"。他对烹调极有研究，提出了"五味调和"与"火候论"，为我国烹饪理论的发展奠定了坚实的基础。

随着烹饪技术的提高，贵族们已不再仅仅满足于吃得饱，而是追求吃得好，开始讲究美味，人数众多的大型宴会也出现了。

至周代，膳食机构已经相当完善了。据《周礼·天官·冢宰》统计，周代食官有膳夫、庖人、内饔等20余种，共计2294人。他们共同负责周王室的膳食和祭祀供品。

这一时期的宴会形式、进餐制度对后世影响极大。"三礼"（《周礼》《仪礼》《礼记》）中，对天子、诸侯、大夫、士在进餐举宴时该吃什么东西，用几道菜，放什么调味品，使用什么食具，有什么规矩，奏什么乐，唱什么歌等都有极其苛细繁琐的规定。这些规定从侧面体现出了当时森严的等级制度，从一定程度上维护了统治者的权威和利益。但从另一方面看，这些规定也有约束过度饮食、避免举止失仪等积极意义。

在日常饮食方面，人们因为长期日出而作、日落而息，逐渐形成了两餐制，进餐时仍采用原始社会遗留下来的分餐制。当时，由于高大的家具还没有出现，人们常在室内席地而食，或把饭菜放置在小食案上进食。

商代著名大臣伊尹提出了"五味调和"与"火候论"，被称为"中华厨祖"

饮食礼仪的形成

历史上有一场改变了很多人命运的宴会，即鸿门宴。抛开宴会的刀光剑影不谈，单是座次就很有意思。

《史记·项羽本纪》中所记的宴席座次为项王、项伯东向坐，亚父（范增）南向坐，沛公北向坐，张良西向侍。项羽和他的叔父项伯坐西朝东，这个位置是最尊贵的座位；面朝南的座位上，坐着谋士范增；面朝北的座位是客人刘邦的；面向西的座位是张良的。当时的张良地位最低，所以张良是侍坐，即侍从陪客。

一般来说，项羽宴请刘邦，应请刘邦坐在最尊贵的位置，但这场宴会的座次却是主客颠倒的，这充分反映出了项羽的自尊自大和他对刘邦的轻侮。

饮食礼仪发端于史前时代。在中国，根据文献记载可知，至迟在周代时，饮食礼仪已经形成了一套相当完善的制度。在古代正式的宴会中，座次是非常讲究的。以东向为尊的礼俗起源于先秦。一般情况下，只要不是在堂室内，如在一些普通的房子里或军帐中，宴席座次是以东向（坐西面东）为尊。秦汉时期，以东向为尊在史籍中多有记载。但若在堂室宴客时，就不以东向为尊了，而以南向（坐北朝南）为尊，其次为西向，再次为东向，最后为北向。席上最重要的是上座，必须待上座者入席后，其余的人方可入座，否则为失礼。这种以宴席座位次序来显示地位的礼俗，一直传承到近现代。

上下有礼，贵贱不相逾

除了座次安排要严谨，尊让絜敬的餐桌礼仪也极为繁琐。

摆放菜肴时，带骨的菜肴放在左边，切的纯肉放在右边。饭食靠着人的左手方，羹汤放在右手方。细切和烧烤的肉类放远些，醋、酱类放在近处。姜、葱等作料放在稍远一些的地方，酒浆等饮料要和汤羹放在同一方向。如果有肉脯等物，则弯的在左，挺直的在右。上鱼肴时，如果是带汁的烧鱼，以鱼尾向着宾客；如果是干鱼，要将鱼头对着宾客。冬天鱼肚向着宾客的右方，夏天鱼脊向着宾客右方。上五味调和的菜肴时，要用右手握持，用左手托捧。

用餐过程中，如果和别人一起，不可只顾自己；饭前要做好手部清洁；不要用手团饭团；不要把多余的饭放回食器中；不要喝得满嘴淋漓；不要吃得啧啧作响；不要啃骨头；不要把咬过的鱼肉又放回盘碗里；不要专据食物；不要簸扬热饭；不要落得满桌是饭，流得满桌是汤。

这些繁琐礼节旨在让人们知敬畏、懂进退，以达到上下有礼、贵贱不相逾的目的。

合食制形成

在《清明上河图》中，汴京（今河南开封）的餐馆里，能看到许多坐着高椅围着大桌进餐的食客。这说明，在宋代，人们已经改变了分餐的习惯，开始团团围坐进食。

中国社会科学院历史研究所吴玉贵研究员认为："至少从战国起，

中国古代饮食一直采取分餐制饮食方式，即在聚餐时，在每位就餐者面前放置一张低矮的食案，各人分餐而食……到了唐朝，随着高足坐具的传入和流行，引发了餐制的革命性变革，人们的就餐习俗由席地而坐的分餐制转而变为高凳（或椅）大桌的合食制。"

《筷子：饮食与文化》一书中提到，汉代独食制、唐代会食制和宋代以后逐渐开始的合食制，是中国食制发生的三次重大变化。

合食制最大特点就在于非常符合中国人的观念，增加了人们相互交流的机会。合食时，人们团团围坐，其乐融融，这与中国传统尚"和"的思想非常契合，最终成为定制。

从分食到合食，食制的每一次变化，都有中原地区的深度参与。汉唐宋时期，统治者大多将都城定在长安、洛阳或开封，宫廷皇族、官僚士人、富商大贾等也大都集中于此。他们对美食佳饮的追求，为这一时期饮食文化的繁荣提供了强大动力，这对全国其他地区具有导向性和示范性作用。

西汉张骞通西域后，从西域传来的葡萄、石榴、核桃、芝麻等丰富了人们的饮食文化生活。魏晋南北朝时期，北方的食物、饮食方式、饮食习俗广泛传入中原，双方交流频繁。在此背景下，这一时期的烹饪技术也有了进一步的发展。

在饮食习俗方面，人们由一日两餐制逐渐过渡到一日三餐制。由于高桌大椅等家具出现、菜肴品种增多等因素，分食制逐渐向合食制过渡，到北宋时，合食制已基本形成。

第二节　君住黄河头，我住黄河尾

黄河，发源于青藏高原的巴颜喀拉山脉，全长约5464公里，自西向东先后流经青海、四川、甘肃、宁夏、内蒙古、山西、陕西、河南及山东9个省（区），最后注入渤海。黄河流域有其独特、统一的饮食文化，其中最有特色的就是鲤鱼文化。

早在明代，黄河鲤鱼就与太湖银鱼、松江鲈鱼、长江鲥鱼并称为四大名鱼。李时珍在《本草纲目》中列举了多条用鲤鱼治病的药方。

沿黄河顺流而下，宁夏黄河鲤、山西黄河鲤、陕西黄河鲤、河南黄河鲤和山东黄河鲤并称黄河"五大名鲤"，其中，尤以黄河中下游地区的鲤鱼最为优质。就这样，一条鱼串起了黄河流域的饮食文化。

黄河鲤鱼既可以招待贵宾，也可以家常解馋，还有吉祥的寓意，这也许就是黄河鲤鱼受欢迎的重要原因。

宁夏青铜峡黄河鲤鱼

宁夏黄河鲤鱼，最知名的产地是"十里长峡"青铜峡。

青铜峡谷弯弯曲曲、时宽时窄，水质偏碱性，气候早晚温差大，得天独厚的自然环境非常有利于黄河鲤鱼生长。

青铜峡的黄河鲤鱼，体态丰满，体形纺锤状，扁长而肥，头小尾短，背脊高宽，腹部肥大，鳞大，背部鳞色呈淡黄褐色，体侧鳞色金黄。

糖醋黄河鲤鱼是当地餐桌上最常见的菜肴之一。将活鱼开腹去脏清洗干净后挂满蛋糊，放入热油中炸透。炸时提尾并将尾弯起，炸成后将鱼尾弯翘放入盘中，使之呈跃起状，趁热浇上糖醋汁。因为刚炸成，浇汁后，鱼会受激滋滋作响。此时端鱼上桌，色、香、味、形俱全，可增加宴饮情趣，因而也颇受顾客的欢迎。

山西天桥黄河鲤鱼

从明代中期直到清代，山西商人十分活跃。明代沈思孝的《晋录》有载："平阳、泽、潞豪商大贾甲天下，非数十万不称富。"晋商的足迹遍及长江流域和沿海各大商埠，因此，很多山西的饮食习俗也随着这些商人到了全国各地。

山西菜肴多酸，醋是日常生活必备的调料，吃鲤鱼，自然也少不了山西老陈醋。

糖醋鲤鱼为山西的传统菜肴，是用正宗山西老陈醋、天桥黄河鲤鱼烹制出的美味佳肴。做这道菜时，先将鱼投入油锅炸熟，再将用老陈醋加糖制成的糖醋汁浇在鱼身上，香味扑鼻，外脆里嫩，酸甜可口。

此外，作为地上留存文物最多的地方，山西也非常崇尚鲤鱼文化，鱼图在当地的文物雕饰中随处可见。王家大院中的砖雕上，鲤鱼正朝着龙门奋力跳跃，仿佛把所有的希望都寄托在了这不计后果的一跃上。

陕西潼关黄河鲤鱼

陕西黄河鲤鱼，主要产于陕西境内的黄河干流及其重要支流河段，以神木、府谷、华阴、潼关等市县河段的产量最丰。

在陕西潼关，以黄河鲤鱼为主要食材的最著名的菜肴是奶汤锅子鱼。而这道菜的前身，便是唐代韦巨源留下的食单中的乳酿鱼。

做菜前，先用鸡、鸭、肘子和骨头等煨出奶白色的汤，将精细处理后的新鲜潼关黄河鲤鱼放入葱、姜翻炒后，加白汤、香菇、火腿等煮开，最后用铜火锅盛出即可。菜上桌后，炉火不灭，雪白的鱼片仍在牛乳般的高汤中翻滚，可自选调入姜丝、香醋、香菜、胡椒粉等作料调味。每一块鱼肉都浸着汤汁的浓香，甜润鲜香，滋味丰厚。

河南黄河鲤鱼

"无鱼不成宴，无鲤不成席。"在河南，宴请贵宾、招待亲友，鱼是必不可少的。

黄河上游水流湍急，流过黄土高原后水质开始浑浊，有些河段浑浊得甚至看不见底。处于黄河中下游的河南段，河道坡度降低，河床开阔，为黄河鲤鱼的生长提供了有利的条件。

此外，黄河从上游裹挟而来的泥土，含有丰富的钙、磷等元素。黄河鲤鱼经过几百年的进化后，不仅能够利用四鼻四须感知水质的状况、分析食物的位置，而且可以很好地吸收水中的营养物质。

黄河水流湍急，鲤鱼在这样的水中需要不断地逆水游动，这样，它的肉质就变得既细嫩又紧实。

宋朝时，黄河鲤鱼和宋嫂鱼羹名噪一时。梅尧臣曾写道："汴河西引黄河枝，黄流未冻鲤鱼肥。随钩出水卖都市，不惜百金持与归。"为了吃到一口黄河鲤鱼，人们也真是下了血本。

清末民初，经过烹饪技艺精湛的河南厨师的加工，一道糖醋软熘黄河鲤鱼焙面，征服了慈禧太后、光绪皇帝和袁世凯，河南黄河鲤鱼名震天下。

不吃黄河鲤，不算到河南。到了现代，随着生活水平的提高，人们的口味不再热衷于糖醋，更倾向于红烧，滑嫩鲜香的红烧黄河鲤鱼成为河南人宴请贵宾必不可少的头牌菜。

"鱼儿一到，幸福来到！"伴随着清甜的声音，红烧黄河鲤鱼被

在宋朝，黄河鲤鱼成为一道名肴，宋嫂鱼羹更是名噪一时

端上了餐桌。鲤鱼上桌后，鱼头朝向最尊贵的主宾或长辈，由他们给鱼儿剪彩。在阿五，服务人员还会送上一个有吉祥寓意的鲤鱼香囊。

这仅仅是开始。红烧黄河鲤鱼上了桌，便预示着宴会高潮到来。因为接着便是颇为讲究的鱼头酒——头三尾四，腹五背六……每一杯酒都有说法，每一种说法都有一套论证。

鱼头酒是河南酒文化的具象化表达，浸染着艺术的气质与善良的"霸气"。言笑晏晏间，作为头牌菜的红烧黄河鲤鱼完成了它的使命。

在阿五，吃完鲤鱼还可以听一听韵味醇美的豫剧。一段《花木兰》"刘大哥讲话，理太偏"，一段《穆桂英挂帅》"辕门外，三声炮，如同雷震"，舌尖和耳畔流淌着中原文化，这才是河南人的待客之道。

山东黄河鲤鱼

黄河蜿蜒万里到山东，孕育了独特的河鲜滋味。"有鸡无鱼，不算宴席""有鱼无菜，不算慢待"，这是山东东阿人再熟悉不过的两句老话。这里的鱼，指的就是当地特产——黄河鲤鱼。

东阿黄河鲤鱼具有"金鳞赤尾、体形梭长、游姿娇美"三大特征，其体侧鳞片为金黄色，臀鳍、尾柄、尾鳍下叶呈橙红色，胸鳍、腹鳍橘黄色。清炖后肉质细嫩、纹理清晰、洁白如玉，闻之清香扑鼻，观之汤色鲜亮，食之口感爽滑、味道鲜美。

《济南府志》有"黄河之鲤，南阳之蟹，且入食谱"的记载。清蒸鲤鱼、糖醋鲤鱼、酱焖鲤鱼，都是鲁菜中的名菜。值得一提的是，不同于传统豫菜中的糖醋软熘黄河鲤鱼焙面，鲁菜中的糖醋黄河鲤鱼的烹饪技法是焦熘。鲤鱼经油炸定型，头尾翘起如跃龙门之势，浇以特制糖醋汁，色泽金黄、外脆里嫩、酸甜适口。

在山东，吃黄河鲤鱼也充满了仪式感。"铛——铛——"一面铜锣敲响时，升腾着热气的黄河鲤鱼被两人用食盒抬到八仙桌前，鱼背冲着最尊贵的客人摆在八仙桌的中央，等待尊贵的客人举箸"剪彩"。这样的仪式是当地人对黄河鲤鱼的敬重。黄河鲤鱼在黄河人家心目中的地位至高无上，尤其是在喜宴上，等到所有菜品端上餐桌后，最后一道菜必然是压轴"大件"——黄河鲤鱼。这道菜端上餐桌时，作为宾客，需要向厨师奉上"开刀礼"。

青海黄河鲤鱼

青海，作为中华民族母亲河——黄河的发源地，河湖纵横，高寒缺氧。青藏高原独特的地理气候条件孕育了一批特有的鱼类——花斑裸鲤和黄河裸裂尻鱼等，因其数量稀少，很少会出现在餐桌上。但这并没有阻挡人们探寻美食的脚步。人们把视线投向了它的近亲——青海湖湟鱼，即裸鲤。

在几十万年前，青海湖曾是一个外流淡水湖，与黄河水系相通。后来，由于地质构造运动，青海湖东部的日月山上升隆起，原来注入黄河的河流被迫由东向西流入青海湖。

在青海湖的形成过程中，原来生活在黄河中的鲤鱼，经过长期的

黄河流域形成了独特、统一的饮食文化，其中最有特色的就是鲤鱼文化。早在明代，黄河鲤鱼就与太湖银鱼、松江鲈鱼、长江鲥鱼并称四大名鱼

演化，逐渐成为生活在青海湖中的大型高原原始鱼类——裸鲤。裸鲤体形近似纺锤，头部钝而圆，嘴在头部的前端，无须，背部灰褐色或黄褐色，腹部灰白色或淡黄色，身体两侧有不规则的褐色斑块，鱼鳍带淡灰色或淡红色。

青海有一道别具风味的佳肴——干板鱼，便是以裸鲤为原料制作的。将鱼剖去内脏，洗净杂质，加入作料后按大小摆列在滚烫的石板上或沙滩上晒干之后即为干板鱼。食用之前须用水把它泡软。干板鱼肉质紧实，蒸熟之后，香气扑鼻，吃到嘴中辛辣鲜美，唇齿留香。

但到了20世纪60年代，由于生态环境被破坏，裸鲤一度濒临灭绝。从20世纪80年代起，青海湖开始禁渔，裸鲤成了国家二级保护动物。

四川黄河鲤鱼

"黄河之水天上来，奔流到海不复回。"诗人李白笔下奔腾赴海的壮丽黄河，到了四川，一个"美丽回眸"拐出了沉静婉转的节奏——从巴颜喀拉山的涓涓细流汇聚成浩荡之势，由甘肃自西向东涌入四川，激荡的大河在若尔盖草原平缓舒展的河道蜿蜒回转，在无边草原上勾勒出黄河九曲第一湾。

虽然黄河在四川境内流域面积并不大，但也给人们留下了非常丰富的资源和文化。

大千干烧鱼是四川地区的特色传统名菜。民国时期，家宴比较盛行，那时不少有钱人家都有私厨。著名国画大师张大千先生好美食、善烹饪，常指点家厨厨艺，友人至时更喜亲自下厨。这道大千干烧鱼便是大千先生的拿手菜。干烧是川菜的主要烹饪工艺之一，其关键是将主料经小火烧制，使汤汁浸入主料内，彻底入味，最后大火收汁或勾芡淋汁，一般还要加辣酱肉丁，菜品汤汁浓郁，肉质软嫩，辣香爽口。

甘肃黄河鲤鱼

甘肃黄河鲤鱼，尤以刘家峡水库一带所产最负盛名。这里地处黄河上游，水质优良，生长于此的黄河鲤鱼，可重达4斤，鳞片金黄闪光，鳍尖部鲜红，肉厚刺少，以色泽鲜丽、肉质细嫩著称。

其烹制主要以红烧黄河鲤鱼为主，鱼肉饱浸汤汁，轻嚼几下，顿觉咸鲜微辣。一些饭店在炖煮鲤鱼的时候，还佐以老豆腐，吸饱了鱼汤后，豆腐软嫩适口，与鱼肉真是绝配。

内蒙古黄河鲤鱼

黄河上中游分界处的呼和浩特市托克托县的黄河鲤鱼也极负盛名，历史上曾是进贡皇室的佳品。托县炖鱼也叫红炖黄河鲤鱼，是托克托的一张名片，也是内蒙古的一道代表性名菜。

制作托县炖鱼时，托县特产红辣椒面是必不可少的。将辣椒面用胡麻油慢火炝锅，炝出辣椒的红色素，将鲤鱼放入红汤锅内，加酱油、鲜姜片、托县小茴香、花椒、葱段、蒜、盐适量，小火慢炖即成。

"黄河北，阴山南，八百里河套米粮川，渠道交错密如网，阡陌纵横似江南。"

作为河套文化的发祥地，巴彦淖尔当地的人们习惯于把黄河鲤鱼和豆腐搭配在一起炖。鱼肉鲜嫩，豆腐软滑，汁味鲜香，是河套人引以为豪的黄河味道。

与黄河鲤鱼相关的烹饪技法有红烧、煎烧、干烧、糖醋、清蒸、清炖、酱焖、姜葱焗等百余种，而以黄河鲤鱼为主要原料制作的名菜佳肴更是不胜枚举。除了沿黄9个省（区），全国还有很多以鲤鱼为食材的名馔佳肴，如天津"罾蹦鲤鱼"、河北"金毛狮子鱼"、江西婺源"清蒸荷包红鲤鱼"、东北"酱烧鲤鱼"等。

近年来，黄河流域开始举办各类美食节。从黄河源头的青海到黄河入海处的山东，汇聚了餐饮业的精英翘楚。2023年，"沿黄九省（区）餐饮业高质量发展合作机制"成立，沿黄各省（区）的餐饮业在食材互流、品牌企业互联、文化交流互学、行业协会互助等多方面机制共建，以促进沿黄各省（区）美食文化融合发展，大力弘扬黄河流域美食文化。

第三节　豫菜头牌养成记

夏禹分天下为九州。豫州位于九州之中，又称中州。豫州在历史上曾有过数次鼎盛时期，曾是中国的政治、经济和文化中心。

一部河南史，半部中国史。河南位于中原腹地，是中华文化重要的发祥、荟萃之地。随之形成的是"五味调和，质味适中"的豫菜，以及代表了豫菜文化和烹饪技艺的黄河鲤鱼。

深度融合中华文化的豫菜文化

夏禹分天下为九州。豫州位于九州之中，又称中州。豫州在历史上曾有过数次鼎盛时期，曾是中国的政治、经济和文化中心。

一部河南史，半部中国史。河南位于中原腹地，是中华文化重要的发祥、荟萃之地，与河南历史相伴而生的豫菜，也成为中华饮食文化的瑰宝。

豫菜始于夏、商，经过不断充实发展，北宋时期达到顶峰。豫菜融合了南北东西之物产、四面八方之技艺、中华各民族之口味，形成了讲究"中和之道"、寻求"五味调和、质味适中"的菜系特点。豫菜既酸、甜、苦、辛、咸，又不酸、不甜、不苦、不辛、不咸，呈现出了五味纷呈、和谐统一的境界和品质，这也是豫菜独特的魅力。

豫菜取料广泛，选材考究，强调依时令选取优质原料，刀工精湛，讲究制汤，力求还原食材本味；烹调技法多达50余种，烧、烤、炒、扒、炸、熘、爆、炝等各有用场，但无论哪种技法，都务求做到"烹必适度"，有味使其出，无味使其入。

豫菜的五味调和，其本意就是质味适中，适中就不能偏倚。

豫菜的繁荣

宋代时，豫菜第一次形成了阵容整齐的体系：宫廷菜、官府菜、市肆菜、民间菜和寺庵菜。传统宴席在北宋时期正式形成，首次出现各种标准宴席菜谱，金银食器、酒器也率先走上了大众餐桌。《清明上河图》里最繁华的便是酒楼茶肆林立之处。那里店铺之多，不能遍数；规模之大，能容千人。服务方面，博士卖酒，响堂行菜，歌舞伴宴，换汤斟酒。办宴席时，专为私人操办筵会的机构——四司六局可提供全套服务。食物品种、烹饪技术上各有特色，酒楼菜肴、食店小吃、分茶、胡饼、素馔，五彩纷呈，难以尽数。饮食业市肆壮观，大型酒楼、汴京佛寺、道观素馔，各种宴席斋食琳琅满目，夜市、民食丰富多彩，将饮食文化推向鼎盛。

孟元老在《东京梦华录》中曾这样描绘当年的汴京："金翠耀目，罗绮飘香，新声巧笑于柳陌花衢，按管调弦于茶坊酒肆。八荒争凑，万国咸通。集四海之珍奇，皆归市易；会寰区之异味，悉在庖厨。"市肆经营的物品仅《东京梦华录》一书中记载的就有280余种，烹饪技法可识别的有50余种，来自江淮的粮米、沿海的水产、西夏的牛羊、福建的果品等一应俱全。汴梁当时"系天下富商大贾所聚之处"，不仅是中国的政治、经济、文化中心，也是世界上饮食最发达的城市。

河南也曾有过四通八达的航运，隋朝时已有海产品进入洛阳，北宋时海味已成豫菜不可缺少的原料，再加上历史久远、质量上乘的酿

孟元老在《东京梦华录》中曾记载："集四海之珍奇，皆归市易；会寰区之异味，悉在庖厨。"

造品和豆制品等，豫菜具备了一套完整的主料、副料、小料和调料，可以数十种技法炮制出数千种菜肴。这些食物和烹饪技术南下北上，影响遍及神州。

北宋末年，金军南侵，徽宗、钦宗及赵氏宗亲、百工技艺、倡优、儒生、僧人等北去，各种珍宝、书籍、天文仪器等悉数被掠。后来，赵宋南迁，定都杭州，中原地区人民随之大批南下，杭州人口迅速增加。中原地区人口北走南迁，推动了中国文化、中国烹饪文化发展史上的又一次大交流、大融合。中原地区的烹饪文化南下北上、东播西撒，促成了中国烹饪文化大一统局面，同时也因与当地饮食文化和风俗、地理、物产的融合，形成了不同的分支流派。

历史上，由于战乱、政权更迭等原因，先后发生数次大规模的人口南迁，中原地区的口味和烹饪技法，走向了全国。

致力于西湖文史研究的俞泽民回忆道："曲园（俞樾）先生在杭州居住时，常以从河南学来的宋嫂鱼羹待客，渔歌樵唱，溢于湖上……置酒湖楼，习以为常。又由于中州鱼羹多用黄河金鲤，而江浙鲤鱼又不及河鲤肥嫩，曲园先生改用西湖鲩鱼（草鱼），兼取宋嫂鱼和德清人烹鱼的方法，烧煮西湖醋鱼，受到宾客盛赞。"

除此之外，杭州的小笼包也和河南人有着很大的关系。猪皮冻剁碎与馅料混合，皮冻遇热化为汁水，这正是小笼包汤汁丰盈、口感浓郁的奥秘，也是开封小笼包的古老制作工艺。

历史上，由于战乱、政权更迭等原因，先后发生数次大规模的人口南迁，客观上促进了饮食文化的交流融合

黄河鲤鱼为何能成为"头牌"

清朝末年，豫菜迎来了又一次辉煌时刻。

1901 年，慈禧太后和光绪皇帝从西安回北京，路过开封。开封府尹呈上鲤鱼焙面，慈禧太后和光绪帝吃后赞不绝口。光绪夸这道菜是"古汴珍馐"，而慈禧太后更是"膳后忘返"，起驾前送了"熘鱼何处有，中原古汴州"的对联给开封府尹。

北洋军阀首领袁世凯喜欢吃鱼，也喜欢钓鱼。他最喜欢的鱼是老家河南的黄河鲤鱼，认为其他地方的鱼无法与之相比。

因为光绪皇帝、慈祥太后爱吃黄河鲤鱼，袁世凯也爱吃黄河鲤鱼，北京的豫菜馆——厚德福便趁此机会积极营销扩张，迅速发展成为京城第一餐饮名店。一时间，厚德福成为京城达官显贵竞相光顾的宝地，财源滚滚，越做越大。不久，厚德福便在上海、香港、天津、沈阳、青岛、南京、成都等地广设分号，成为近代中餐第一家全国连锁企业。

梁实秋先生在《雅舍谈吃》一书中，描写了许多京城美食。在他的笔下，厚德福足以和那些鲁菜大饭庄相媲美，而他对厚德福的几道名菜——黄河鲤鱼、核桃腰、铁锅蛋、瓦块鱼等的描绘，令人至今读来仍口舌生津。

汪曾祺先生在《人间有味》中，也专门写过黄河鲤鱼："我不爱吃鲤鱼，因为肉粗，且有土腥气，但黄河鲤鱼除外。"汪曾祺在河南开封吃过黄河鲤鱼，认为其"名不虚传"。河南、山东一带人对鲤鱼

因光绪皇帝、慈禧太后对黄河鲤鱼赞不绝口，袁世凯也爱吃黄河鲤鱼，北京的
豫菜馆曾一座难求

很重视，酒席上必须有鲤鱼，"无鱼不成席"，婚宴尤不可少。这一带的人对即将结婚的青年男女，不说"等着吃你的喜酒"，而说"等着吃你的大鲤鱼"。

至于哪种鲤鱼最好吃，汪曾祺先生也给出了自己的判断。他认为，鲤鱼要吃3斤左右的，品质最好、价格也最贵。《水浒传》第十五回中，吴用找到阮小二说："小生自离了此间，又早二年。如今在一个大财主家做门馆，他要办筵席，用着十数尾重十四五斤的金色鲤鱼。因此特地来相投足下。"在汪曾祺先生看来，鲤鱼大到十四五斤，就不好吃了，"写《水浒传》的施耐庵、罗贯中对吃鲤鱼外行"。

除了厚德福，上海也有一家声名远播的豫菜馆——梁园致美楼。

梁园致美楼是河南人在上海开的第一家豫菜馆，1911年开业，由长垣厨师郭玉林、李四志、张清之投资创办，长垣厨师"大李师"李景聚和弟弟"小李师"李瑞聚掌勺做菜。梁园致美楼的厨师厨艺高超，以扒、爆、炸、烧见长，在上海大有名声。

据《鲁迅日记》记载，鲁迅先生从1934年到1935年，6次到梁园致美楼吃饭，日记里有"属梁园豫菜馆订菜"，还不时请那的厨师"来寓治馔"。

1934年12月19日这天，鲁迅特意设宴，请茅盾、萧红、萧军等来上海豫菜馆。因为豫菜馆生意火爆，需提前订菜，头一天，也就是12月18日，鲁迅先生便去订菜了。鲁迅先生在信中提前嘱咐萧红、萧军："本月十九日下午六时，我们请你们俩到梁园豫菜馆吃饭，另外还有几个朋友，都可以随便谈天的。梁园地址是广西路三三二号。广西路是二马路与三马路之间的一条横街，若从二马路弯进去，比较近。"

想来，当年从东北奔波来上海的萧军、萧红常到鲁迅先生家"打

上海的豫菜馆——梁园致美楼制作的铁锅蛋等菜品深得鲁迅先生喜爱。鲁迅先生不仅自己经常来，还请茅盾、萧红、萧军等来吃

1949年开国大典结束后，招待会在北京饭店举办。北京饭店提供的菜单中，有红烧鲤鱼

秋风"，信函字里行间体现出了鲁迅先生对"二萧"的关心。当时，"二萧"刚到上海，生活窘迫，也就是在这一次吃饭后，他们"借鲁迅二十块钱"。

后来，长垣厨师把鲁迅先生在梁园致美楼喜欢吃的糖醋软熘鲤鱼、铁锅蛋、酸辣肚丝汤、核桃腰四道菜称为"鲁公筵"。

1949 年 10 月 1 日当晚，新中国举行了第一次国宴，被称为"开国第一宴"，因为当时没有影像资料，当时宴会的菜单便也无从考证。现流传比较广的三个版本中，两版都提到了红烧鲤鱼。

现代人对黄河鲤鱼的认同感也同样很高。在 2016 年，国内曾举行了一次关于"国鱼"的评选，超过 15 万人参与投票。最终，黄河鲤鱼毫无悬念地成为"国鱼"的代表，而黄河郑州段则被选为最佳的黄河鲤鱼原产地。

如今，逢年过节、寿诞嫁娶，人们的餐桌上总也少不了一条黄河鲤鱼，尤其是红烧黄河鲤鱼。它色泽红润，滑嫩鲜香，老少皆宜，受到众多食客的喜爱。

在流淌千年的中华文化中，鲤鱼不仅有着"洛鲤伊鲂，贵于牛羊"的尊贵身份，还有着年年有余、鲤鱼跃龙门的美好寓意，当之无愧成了豫菜头牌。

是豫菜，还是河南菜？

近年来，关于"八大菜系为什么没豫菜""豫菜是否等于河南菜""豫菜要不要另立山头"和"将豫菜改为河南菜"的声音一直不断。

如果把河南菜定义为河南各地市的特色食材和特色菜，或是用河南的烹饪技法做任何菜品、用河南的特色食材做出的菜品，那么河南菜一词便把豫菜的菜系本源、包容万物的文化内涵都缩小了。

"豫州"自大禹治水划定天下九州便开始使用，并曾有过数次辉煌的时刻，而且重要的饮食本源文化也在南宋之前就已形成，而"河南"这个行政区划是从明代才正式开始使用的，清朝正式使用"河南省"。

豫菜除了食材、技法，最核心的部分还是在于它的烹饪理念与中国社会的传统价值追求完全契合。豫菜的"中""和"理念，可见于《周礼》《礼记》《吕氏春秋》《论语》《黄帝内经》等古代典籍，在此基础上逐渐形成的中国烹饪理论，远远超出了饮食的范畴，与政治、文化和哲学相互关联、相互影响。

"中"乃四方之中，不论是夏、商、周三代之君，还是秦皇汉武，抑或是塞外之雄，无不认同。失"中"，必失其本；失"中"，便无一统；上下五千年，无代不求"中"。政治上求"中"，为求一统；经济上求"中"，为求通达繁盛；文化上求"中"，为求教化育人，故中国的烹饪也一直在求"中"。这种深厚的文化内涵，只有豫菜之"五味调和，质味适中"能够体现。

"中"乃不偏不倚。孔子倡中庸，认为恪守中庸、不违礼制方能诸侯无争，天下太平。偏者，不正；倚者，倾斜。倾斜不正便失"中"。此乃为政、为王之大忌。政治如此，烹饪亦如此，膳食也是如此。不偏不倚，才能为"中"。"大甘、大酸、大苦、大辛、大咸，五者充形则生害矣"，因此要"甘而不浓，酸而不酷，咸而不减，辛而不烈，淡而不薄，肥而不腻"，这正是中国烹饪数千年的治味之道，也是豫菜至优至上的准则。

中国烹饪守中求和，不仅是受地理、物候的影响，也是政治、经济上的需要，更是人们生存、健康的需要。中国传统文化中，食常与医同源。因此，"中"与"和"是中国烹饪和中国医药的共同认识和追求，数千年不变。

说"河南菜"是"河南各地市的特色食材和特色菜"也不可取，因为历史上的河南，曾作为全国的政治中心和交通枢纽，"八方争凑，万国咸通"，食材上早已不限于本地产出，西北之牛羊、东南之海味、岭南之异果、川黔之香料，车载船装，肩挑背驮，齐聚中原，一展奇味。

不仅如此，河南各地市也演化出了风格独特的地方菜系：以扒菜、扣碗为代表的开封菜；继承北宋以来烹调技艺之遗风，选料考究、刀工细腻、讲究制汤的长垣菜；以"菜菜带汤，汤汤不同"的洛阳水席而闻名的洛阳菜；以面食、卤味为代表的安阳菜；咸香微辣，菜色微重的信阳菜……不一而足。其实，它们都是豫菜的组成部分。

"守中求和"的五味调和理论，是中国烹饪理论的基石，它植根于中国传统文化之中。而菜系的区分是最近几十年才出现。国内对有关菜系的明确提法始于20世纪中期，最初为鲁川粤苏（淮扬）"四大菜系"，到20世纪70年代后期才有"八大菜系"一说。当时，人们把各个菜系作为区分菜肴地方风味的标识，因此并不存在很大的争议。眼下这种争"名分"、争"正统"的"热情"的原因是，随着市场经济的发展和深化，人们逐渐意识到，一个能叫得响的菜系，十分有利于品牌的建立和文化的发扬。但是，如果同一地域的人们文化认知不统一，同样会因为出现不同的声音而影响很多人。

菜系的本源，是"以地命菜"，以核心城市辐射的周边经济区就是一组菜品形成的原因，也是每个地域的菜系存在和发展的理由。从

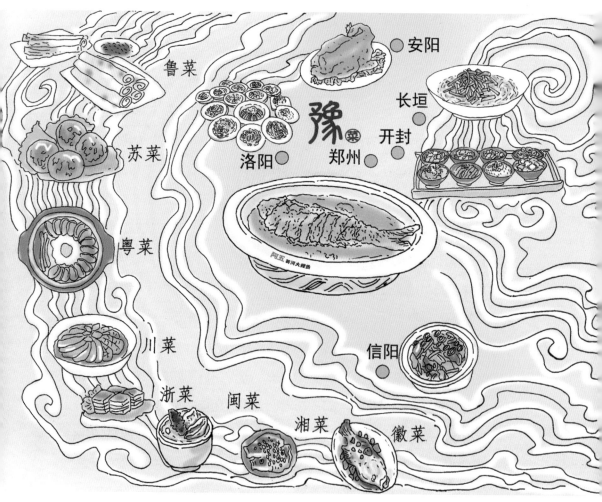

鲁菜

苏菜

粤菜

川菜

浙菜

闽菜

湘菜

徽菜

安阳

长垣

开封

豫 菜

洛阳

郑州

信阳

阿五 黄河大鲤鱼

国内对有关菜系的明确提法始于 20 世纪中期，20 世纪 70 年代后期才有"八大菜系"一说

这个层面来看，"豫菜"的整个辐射范围，要远远超过"河南菜"。

浙江工商大学中国饮食文化研究所所长、教授赵荣光曾经说过，任何一种餐饮文化考核标准，都是由食材、加工方法、调味和食品成品四个要素构成的，而人们的直观判定标准却和烹饪顺序相反，是先看外观再看食材。实际上，原料在全国都可以畅通，菜品的最终不同在于调味。

任何一个地方的人群长久在一个地方生存生活，自然会形成当地的饮食习惯，因此菜品有天然的地方性。历史上，这些地域性的菜品都是平等的，菜系大小只以商业的规模为据。没有中心城市，还有菜系以及其他吗？没有，最多只是风味。

"以鲤鱼为例，鲤鱼是最大众化的形象，我吃到了黄河鲤鱼，我很感慨。从大禹治水至今，鲤鱼烹饪已经可以达到科学化、标准化，人们让鲤鱼这一食物达到饮食文化的高度，也就是说，黄河鲤鱼就是中国菜。"赵荣光如是说。

第四节　　鱼兮鱼兮奈若何

从四大名鱼之首、朝廷贡品，到走入寻常百姓家，再到最近几十年，黄河鲤鱼命途多舛，甚至几近消失。

和它有同样命运的，还有豫菜。究其因，有工业文明的影响，有商业经济的冲击，豫菜就像一个没落的贵族，在等待一个契机，重新焕发荣光。

逐渐"销声匿迹"的黄河鲤鱼

就在 20 多年前，很多人发现，这条在黄河中存在了成千上万年的黄河鲤鱼，越来越难见到了。

资料显示，20 世纪 50 年代初期，黄河水域鱼资源还是比较富饶的，像黄河中下游的三门峡、洛阳、郑州及开封等地均有专业捕捞队在黄河里捕鱼。按照当时记录的数据，月捕鱼量在 600～1150 公斤／船，这些鱼中名声在外的黄河鲤鱼可占总重量的 45%～50%；黄河河南段每年就能捕捞黄河鲤 15 万公斤，多次受到渔业部门的嘉奖。

那时候，人们参与自然的活动还比较少，成就了黄河的渔业大丰收。因为当时捕捞量大，黄河鲤鱼的价格亲民，周边的居民逢年过节都能买到一条尝鲜，并不觉得吃鲤鱼是一件奢侈的事情。自此，曾为古代贡品的鲤鱼走入了寻常百姓家，一道道以黄河鲤鱼为食材的佳肴多了起来，红烧鲤鱼、煎烧鲤鱼、糖醋鲤鱼焙面等，深受欢迎。

而同样的捕捞队在 1981—1982 年，使用同样的作业方法，年捕捞的黄河鲤鱼量已经不足 1 万公斤了，黄河鲤鱼的产量下降严重，年龄与大小均不及往年。黄河内蒙古段和陕西段的捕捞量下降了40%～50%，河南段也下降了 20% 左右，而在山东，野生的黄河鲤鱼基本上已经绝迹。

20 世纪 90 年代左右，一条渔船每年捕捞的黄河鲤鱼量已经不足50 公斤。据统计，2007 年，黄河鲤鱼的天然捕捞量不足 1000 公斤。

在 20 世纪 80 年代初，黄河流域沿岸各省区的科研机构联合起来进行了一次大规模的渔业资源调查。调查时发现，单条黄河鲤鱼足足有 2.5 公斤重，大规格黄河鲤鱼甚至有 7 ～ 8 公斤重。而在 2013 年，陕西省水产研究所对黄河鲤鱼的资源状况再次调查时发现，黄河鲤鱼的最大体重只有 1.7 公斤，小型化、低龄化趋势越来越明显。

这直接反映出了黄河面临的渔业危机：无鱼可捕、生态失衡。曾经走入万家的黄河鲤鱼，可能就连种族都难保全了。

黄河鲤鱼去哪了？

吃不到黄河鲤鱼，和当时黄河周边的生态环境、工业发展情况、大坝建立等深度相关。

河流是文明的发源地，工业文明同样离不开河流。黄河沿岸依托便捷的水资源成了工业发展的集聚地。自 20 世纪 80 年代始，黄河周边的工厂、城市如雨后春笋般发展了起来，随之而来的就是工业污水、生活废水，以及农田灌溉用水直接排放入河，黄河水质恶化，导致鱼资源锐减。

同时，上游多个水电站拦河而立，影响了鲤鱼的迁移及产卵。更严重的是，自 1972 年至 1999 年，黄河出现了大大小小的断流 22 次，1999 年后，经过治理，黄河已 20 多年未断流。

与之相关的还有过度捕捞。正常情况下，野生黄河鲤鱼在 2 ～ 3 岁才能产卵，而 20 世纪 70 年代，短短几十年的过度捕捞，使得黄河鲤鱼的数量"入不敷出"。

同时，黄河鲤鱼的品种也经历了变杂。20 世纪 80 年代，鲤鱼引种杂交热引爆全国，黄河的各个支流干流水域，被人们放入了很多杂交鲤鱼。这些鲤鱼不仅影响纯正黄河鲤鱼的品质，还使得河道内黄河鲤种质资源遭到了更为严重的破坏，出现多种混杂鲤鱼，主要表现为体色不一、鳞片杂乱、体型改变等。

"黄河鲤鱼没落，真是太可惜了。"经营黄河金生态鲤鱼的总经理崔菊芳对黄河鲤鱼的没落至今记忆犹新。在她看来，黄河河南段河道开阔、水流相对平缓，沿黄 9 个省（区）里属河南段的鲤鱼最好吃。

郑州段至开封段是黄河的中下游的分界线。从上中游冲过来的泥沙、水草，长久以来在这个地方积淀。这里土质里头含的东西跟别的地方都不一样，这里的黄河鲤鱼鱼肥肉嫩。而很长一段时间内，河南的市场上，因为缺少正宗的黄河鲤鱼，鲤鱼不仅价格偏低，还几乎没人要。

然而，黄河鲤鱼并不会就此真的消亡。

被保护的黄河鲤鱼

"有一群老水产人，他们一辈子和黄河鲤鱼打交道，他们为保护黄河鲤鱼纯正的基因，为了这个物种，付出了毕生的努力。"崔菊芳说。而最打动她的，是那些人"眼睛里的光，是他们那种最纯粹的期望"。

那些黄河岸边的水产人，干了一辈子，研究了鲤鱼一辈子，经历

黄河岸边的水产人，为保护黄河鲤鱼，作出了巨大的贡献

过黄河鲤鱼的兴旺没落。在他们的努力下，这些纯正的黄河鲤鱼，得以保存下来。

20 世纪 80 年代，他们反复尝试，试图在黄河里提取到原始的野生黄河鲤鱼的基因。凭借着这种执着，他们得偿所愿，保留了黄河鲤鱼最原始、纯正的基因，直到现在，那 120 多组基因一直保存着。

"我特别敬佩和敬仰这一群河南的水产人，他们是真的在为黄河鲤鱼作贡献。提起黄河鲤鱼，他们眼睛里都有光芒。"崔菊芳说，"听说我们要养殖黄河鲤鱼，他们就无条件地支持。他们干了一辈子，觉得黄河鲤鱼没落太可惜了。"

而纯正的黄河鲤鱼，就是与众不同。如果你去阿五吃鱼，就会发现，这儿的黄河鲤鱼，金鳞赤尾，体态优美，鱼的身材达到了黄金比例。

为拯救黄河鲤鱼这一名贵品种，河南省水产科学研究院 1985 年从黄河中挑选野生黄河鲤，经过 20 年的选育，培育出"豫选黄河鲤"。这一品种于 2005 年被原农业部原种和良种审定委员会审定为良种。2008 年，原农业部批准，将黄河的巩义市伊洛河入黄口至中牟县狼城岗段划定为"黄河郑州段国家级黄河鲤鱼水产种质资源保护区"。

有了河南省水产科学研究院优选的野生黄河鲤鱼鱼种、得天独厚的自然条件，加上养殖户们的"生态养殖"技术，黄河边上的黄河鲤鱼渐渐多了起来。

引自地下 20 米的黄河沙滤活水，鱼的生长环境接近原生态。小鱼前 3 个月用豆浆喂养，养殖密度比普通鱼低了一半，养殖周期比普通鱼至少多一倍。捕捞前，这些鲤鱼要停食 80 天，腹部脂肪减少 3%，肌间脂肪增加 6%，以期最大限度地保留黄河鲤鱼天然的野性与活力。

纯正的黄河鲤鱼不仅好吃，还长得好看。崔菊芳拿出手机，翻出黄河鲤鱼的照片："瞧瞧长得多俊！"她的神情骄傲得像在夸自己家孩子。

也就是那时候起，作为国家地理标志产品认证的品牌"豫选黄河鲤"，开始走向郑州的市场。它一亮相，就吸引了众多眼球。而它正式闯出名声，还需要再等一个机遇——出现下一个复兴"黄河鲤鱼"的人。

被逐渐遗忘的豫菜

和黄河鲤鱼一同经历了低谷的，还有豫菜。

20 世纪 70 年代公布的八大菜系中的大部分菜系，都产生于近百年来经济发达的地区，川菜虽然诞生于内陆省份，但仍有成都、重庆这样发展很好的城市作为支撑。反观河南，清末至民国时期，河南一直饱受战乱困扰，经历了各种灾害，长期作为战时前线，付出了极大的代价。渐渐地，河南的发展跟不上国家发展的步伐，豫菜的影响力也大不如前。

经济萧条、物资紧张对于讲究原料、配料的豫菜是个不小的打击。在当时很多菜都没法做了，豫菜厨师也出现了断层。

这种情况深深刺痛了一个人，他就是出生于中国厨师之乡——河南长垣的樊胜武。

　　1999 年，河南首次提出"振兴豫菜"之时，樊胜武正在一家国际饭店担任行政总厨。感受到了切身之痛，他开始认真考虑，打算为豫菜、为黄河鲤鱼做点什么。

每年春
它们越险滩，
命运的改变和

在豫菜
樊胜武，开启

河南长
这份传统，沿
与黄河鲤鱼纟

2004年
家豫菜馆。儿
原大地积聚蓄

道阻且

第三章

溯洄从之，道阻且长

第一节　　逆流而上

长垣紧邻黄河，与北宋时期的都城汴京（今开封）仅一河之隔。这里的尚厨之风由来已久。

1969 年，樊胜武出生在河南长垣的一个普通家庭。由于家境贫寒，吃饱饭成了樊胜武儿时最朴素的愿望。每逢村里有红白喜事，他总找机会跑到厨房帮厨。也是在那个时候，"长大做一名厨师"这个梦想在他心中悄悄扎了根。

1986 年，樊胜武进入长垣烹饪技校学习厨艺。1987 年，他怀揣 30 元钱，只身来到黄河之滨的另一座城市郑州，开始从事他向往已久的职业——厨师。

他没想到，这一步踏出去后，等待他的却是道阻且长。

厨师之乡

1969 年，樊胜武出生在河南长垣。

长垣临近开封，自古就有尚厨之风，以厨师众多、技艺精湛著称于世，在唐代就以"烹工"闻名。

长垣厨师起于唐宋，盛于明清。明朝时期，长垣地区人才辈出，"小小长垣七尚书"这一民谣便是最好的佐证。长垣籍的达官显贵们，为长垣厨师发挥其一技之长开辟了一片新天地。一些在外地做官的长垣人大多会带家乡厨师随任役使，长垣厨师因此遍布全国。自此，大量长垣籍的厨师从市肆走向了宫廷和官府，并与各地厨师有了进一步的交流和沟通，东纳西采，融会贯通，进一步提高了自身的烹调水平和品位风格，也将豫菜的种子撒遍全国。而这也侧面说明了长垣菜肴"四面八方咸宜，男女老少适口"的特色。

受尚厨之风影响，明朝年间，长垣人的饮食习俗就非常讲究。清朝时期国力强盛，疆域辽阔。政治、经济的发展，中西方文化的交流，促进了饮食文化的繁荣，也促使上层社会对饮食的要求更高，追求极致的味觉体验在当时蔚然成风。

《红楼梦》中有一段刘姥姥进大观园吃茄鲞的故事。王熙凤给刘姥姥细说了茄鲞的做法：茄子刨了皮，切成丁，用鸡油炸，再用鸡脯肉和香蕈、新笋、五香豆腐干、各色干果切成丁，拿鸡油煨干，将香油一收，外加糟油一拌，装入瓷罐里密封，要吃时拿出来用炒的鸡爪子一拌，就是现在吃的这种茄子。她说得把刘姥姥吓一跳：一只茄子倒要 10 来只鸡来配！

这足以说明，清朝时人们对于饮食的追求已超越了食物本身的功能。官员家里家常食材的烹饪工艺就如此讲究，宫廷御膳就更不用说了，传说中的满汉全席，即是典型的一例。

在这种大环境里，吃出品位、吃出情趣、吃出雅韵，成为人们的普遍追求。从王公贵族到达官显贵，从文人雅士到富商大贾，大都聘用长垣籍的厨师料理日常饮食，并以此为荣。家有长垣籍的厨师也成了身份和品位的象征。光绪皇帝的御厨王蓬洲，宣统皇帝的御厨宋登科，慈禧太后的面点师李成文，清宫大内御膳房厨役蔡士俊、牛青连，晚清名臣李鸿章的专厨陈发科等，都是非常有名的长垣籍厨师。

北洋军阀统治时期，长垣籍厨师仍然备受青睐。如袁世凯的专厨翟河田、李德方、李树长，黎元洪的专厨宋华山、王振元以及家厨蔡廷华等都是长垣人。

那时候，豫菜馆也异常红火。在北京厚德福当灶头（厨师长）的李景聚，是长垣西关人。他是一位声名远扬的豫菜烹饪高手，一向有"豪门宴大师"之称。他在近 70 年的职业生涯中，把足迹留在了蚌埠、上海、南京、天津、北京等地。高级餐馆、军政要员的官邸、名流雅士的公馆等，都飘荡过他烹调的味道。他功深艺绝，制作的豫菜风味地道纯正，菜肴格调颇具大家风范。

中华人民共和国成立后，长垣因为厚重的烹饪历史文化底蕴而受到人们的关注和青睐。当时，中共中央办公厅、北京钓鱼台国宾馆、国务院餐厅、全国政协餐厅、北京饭店以及北京人民大会堂等，选用的厨师长和厨师，大多来自长垣。 此外，全国各地慕名来长垣招聘厨

我国当代第一部系统介绍中餐烹饪技法和菜肴风味特色的书籍——《中餐纲目》

师的单位也越来越多。

1954 年，长垣县政府把厨师培训工作列入重要议程，多次从地方财政划拨专项经费，指派饮食服务公司牵头，聘请著名厨师刘国正、王法德、张建立为导师，全面开展了以师带徒、岗位练兵、定期授课、示范教学、名菜展销、技术比武等形式的厨师培训工作。

为提高教学质量，使厨师培训工作规范化、条理化，在长垣县政府的推动下，当地的科学技术委员会牵头将刘国正的烹饪经验经整理成文字，编印成册，作为培训教材。经过几年的艰苦努力，一套50多万字的大型食谱——《中餐纲目》成功面世，成了我国当代第一部系统介绍中餐烹饪技法和菜肴风味特色的书籍。

书中详细介绍了千余种菜品、特色面点和风味小吃的制作方法和特点，菜品之多、做法之详、范围之广，前所未有。

1980 年，经过第三次修订印刷的《中餐纲目》改名为《中餐食谱》。同年 3 月 28 日，《人民日报》《河南日报》等各大媒体均进行了专题报道，称赞此书为"中国第一部大型中餐食谱"，轰动海内外。

长垣学徒

长垣自古就有尚厨之风，民间早有"长垣村妇，赛国之厨"的说法。在长垣，哪怕是个普通的人，做个"几大盘""几大碗"都不在话下。

在这样兴盛的烹饪文化氛围中，樊胜武从小耳濡目染，见到、听到的都是家乡"顶级"名厨，自然而然地，他爱上了烹饪。他小的时候，每逢村里有红白喜事举办宴席时，其他孩子都出去放炮玩闹了，他却站到厨灶边帮着剥葱、剥蒜，看大厨怎么做菜。他在厨灶边，一来可以吃到好吃的，二来看到普通的食材在厨师手中变成美味，感觉特别神奇。"长大做一名厨师"的梦想在他心中悄悄扎了根。

当时，长垣开办有 3 所烹饪学校和 1 个厨师培训班，面向全国招生，每年培训烹饪专业的学员 500 余名。怀揣这份梦想，17 岁那年，樊胜武去长垣烹饪学校开始学厨艺。因为当时家里没有钱，父母卖了一车粮食才够交一半的学费，他只能上半个学期。假期过后，别人都去上学了，樊胜武却还在家里等着家人筹措学费，心中特别郁闷。所以，他格外珍惜在学校学习的机会。重返校园后，他特别刻苦努力，后来成了优秀毕业生。

可做厨师也不容易。餐饮业界素有"一堂二柜三灶上"之说，"堂"即堂倌，指服务人员；"柜"即结账收款人员；"灶"指炒菜和做面点的红白案厨师。他们这些从事餐饮烹调工作的人统称为"勤行"。那时，厨房的条件跟现在无法同日而语，灶台都是煤火炉灶，一个小屋里几个大煤火，房间内的温度高达 50℃。那时，他天天都在切菜，切到手是常有的事儿。切到手后，他就直接把伤口用开水烫一下，止住血后接着干活。

1987 年，樊胜武学艺出师。和他一起的，还有很多后来在河南厨师界很有名的人。这些人，在经过命运的考验之后，一步步成了餐饮界的中流砥柱。

受尚厨之风影响，"长大做一名厨师"的梦想在樊胜武的心中悄悄扎了根

行政总厨

　　20 世纪 80 年代初，河南餐饮百花齐放，蓬勃发展。1985 年，改革开放持续推进。这一年，物价和工资制度改革全面展开，城市里的肉鱼禽蛋、蔬菜、水果等副食品的价格放开了，集贸市场迎来了春天。改革开放带来的远不止这些。郑州作为全国交通枢纽中心城市，经济发展逐日向好，各地菜系蜂拥而至。

　　粤菜、杭帮菜占据了星级酒店，川菜成为街头馆子最火爆的招牌。这样的大环境中，直到 20 世纪 80 年代中叶还稳稳坐头一把交椅的豫菜，逐渐黯淡了光环。

　　就在这时，樊胜武带着满心憧憬和一腔热情，只身来到了郑州。

　　初到郑州，樊胜武租住在地下室。他的第一份工作是在郑州火车站附近的小饭店里做厨工，和煤、杀鱼、择菜、洗盘子……不到 10 平方米的厨房里，一个大煤炉占据了一半空间。到了夏天，厨房里的温度能有近 50℃。他在这样的环境里，一待就是大半天。

　　后来，因老板转让了饭店，樊胜武便也没了工作。没有了收入来源，他身上的钱很快就花光了。在潮湿的地下室饿了两天后，他实在支撑不住了，向朋友借了钱，一顿吃了 3 大碗烩面。

　　为了继续学习手艺，樊胜武来到了一家大酒店——杜康酒家，成为一名学徒工。在这里，他不但没有工资，每月还要向酒店交 20 元的实习费，干的还是最脏最累的活儿。他非常珍惜这次机会，特别勤奋、

努力，很快就得到师父和经理的认可，不仅不用再交实习费，每月还
有 100 元补助。

别人发了工资便去逛街买东西，樊胜武却把大部分工资用于购买
学习资料，提升自己。虽然工作的饭店离二七塔不到 500 米，但因为
忙于工作，来郑州两年，他竟然不知道二七塔在哪里。

樊胜武满怀憧憬只身来到郑州，从学徒成长为国际饭店的行政总厨

不仅如此，樊胜武还经常干一些"不务正业"的事，如组织参加各种烹饪比赛、交流学习、主持美食节目等。

经过数年的不懈努力，樊胜武从学徒一路做到了亚细亚饭店的厨师长，他的厨艺和管理能力得到了食客和企业的高度认可。29岁的樊胜武被聘为当时河南著名的五星级饭店——国际饭店的行政总厨，他也成了当时郑州首位担任五星级饭店行政总厨的河南籍厨师。

豫菜在哪

1985年之前，豫菜在河南还特别红火，郑州街头像样的饭店基本上都是国营企业。当时的水上餐厅、中原饭庄、少林菜馆、郑州烤鸭店等都是有名的豫菜馆，几乎没什么外来菜系。

20世纪80年代中后期，川菜、粤菜陆续进入郑州，平静如水的餐饮业突然泛起了涟漪，餐饮行业的格局发生变化，民营餐厅开始出现。郑州的丽晶大厦、花园、越秀等星级酒店和高档酒楼的主要菜系都是粤菜，燕蓉园、马大哈等川菜馆也遍布大街小巷。

到20世纪90年代，河南餐饮行业出现了翻天覆地的变化：粤菜、杭帮菜成为餐饮市场主流，湘菜等更多外来菜系进入河南市场，豫菜阵地越来越小。除了郑州饮食公司的几家饭店，豫菜馆一馆难寻。

那时候，广东是改革开放的前沿阵地，经济较为发达，粤菜也备受推崇，很多商家以聘请粤菜厨师为荣。粤菜厨师月平均工资达到5000元左右，最高的能达到1万多元，而豫菜厨师的工资普遍都是几百元，最高不过 3000 千元，而且吃、住等待遇都不一样。

在这样的情况下，很多河南厨师不愿意做豫菜，不敢说自己是做豫菜的。有些厨师去广州工作几个月，学几句广东话，回来"冒充"粤菜厨师，工资就能翻几倍。

在国际饭店工作的樊胜武，对此感受更为深刻。

当年的樊胜武，在豫菜烹饪领域以技术全面、善于创新著称。2000 年，国际饭店接待了几位来自法国的客人。那天，年轻的行政总厨樊胜武和几个河南厨师在厨房忙碌了很久。法国客人对当天的菜品特别满意。在法国，厨师被称为艺术家，人们对厨师很尊重，于是，法国客人便提出想和制作菜品的厨师见面，当面表示感谢。作为行政总厨的樊胜武自然与这些法国客人见了面，可制作菜品的河南厨师却被饭店领导换成了广东厨师。

这件事深深刺痛了樊胜武：河南厨师怎么了，就这么上不了台面吗？！

从那一刻起，他决定开家豫菜馆，为河南人、河南厨师争口气，让更多人品尝到博大精深的河南美食。

樊胜武找到几个比较有实力的企业家，表达了自己想和他们合作开一家有代表性的豫菜馆的想法，均遭到拒绝。"现在谁还做豫菜、谁还吃豫菜啊，那不是找死吗？现在市场流行什么，我们就做什么。"

既然没有人看好豫菜，那就自己干。

这个年薪 6 位数、小有成就的厨师，如同鲤鱼"烧尾"一样，开始了艰难的创业之路，只为心中的豫菜梦想。

法国客人提出想和厨师见面，可制作菜品的河南厨师却被饭店领导换成了广东厨师，这件事深深刺痛了樊胜武

从厨师到创业

2004 年 3 月 15 日，樊胜武在众人的质疑中放弃了稳定的高薪工作，在郑州建业路开了自己的第一家小店，率先提出"新派豫菜"的概念。

当时，郑州几乎没有饭店直接叫豫菜。即使有河南人用河南厨师、河南食材做菜，也不敢叫豫菜，而是叫江湖菜、迷宗菜等。

在给饭店取名时，樊胜武也思考良久。他认为，食有五味，人有五常，而"五味调和、质味适中"正是豫菜的风格，加之数字一至九中五为中，有中正平和之意，而自己在家又排行老五，所以为自己的豫菜馆取名"阿五美食"。

创办之初，樊胜武亲自掌勺。当时的厨房，又低、又小、又热，房高不到 1.8 米，屋顶上面全是油烟，他炒菜、切菜都要弯着腰，还要用毛巾捂着鼻子。厨房的温度能达到 50℃左右，在里面待一会儿，衣服就全湿透了，需要几个人轮流炒菜。

在这样的条件下，樊胜武的这家小店依然保证了上菜速度和菜品质量。他还提出了自己的经营理念："不好吃，无理由退菜""不为一日好，只为百日红"。因为菜品质量有保证，口碑好，这样的小馆子很快便在社区集中的建业路脱颖而出。

随着生意逐渐好转，他也遇到一些麻烦。当时，附近一家饭店老板常私下给供应商说，给阿五送菜有风险，阿五干不了多长时间的。

还有一些人私下找到阿五的员工说，一个厨师开不成饭店，在阿五上班工资没保障，让他们早点换工作……诸如此类的事情，不胜枚举。

樊胜武曾在讲述中华餐饮历史的大型电视连续剧《大长垣》中客串过。其中有个与他经历类似的桥段：牛大厨开了家饭店，竞争对手使用了卑劣的手段，断了他的货源。无奈之下，他另辟蹊径，研发了一些用素菜做成的素斋，被食客认可，生意逐渐好转。这个故事樊胜武记得很清楚，他只是没想到，真的会有人用这样的竞争手段。

一次长谈之后，樊胜武给供应商承诺："你给我送最好的食材，我保证，你们送一次，我结一次账。"他给员工承诺："我就算卖车卖房，也会按时给你们发工资的，请大家放心。"

他相信，好东西消费者是能吃出来的，所以阿五坚持使用好食材、高汤调味。"汤盛起来再扬出去，落下来像丝绸一般。"

附近社区的人们发现，阿五的菜比大饭店里好吃，还实惠，一打听，原来老板曾是五星级饭店的大厨，于是就给阿五起了个"五星级小饭店"的别名。

阿五的客流量越来越大，口碑越来越好。不到两个月，生意逐渐火起来了，每天不到饭点就开始有人排号，20 张小桌台，一天要接待 100 余桌顾客，甚至出现了"黄牛"倒号现象。即使是停电、下雨，一些执着的顾客也不肯离开。

有一天，樊胜武看到一个 80 多岁的老太太拄着拐杖，颤巍巍地站在门口等位置，心里特别难受："顾客是掏钱买享受来了，即使我的饭菜再好，也不能让顾客等这么长时间！"

于是，樊胜武先后在郑州英协路、郑东新区天泽街开了两家店。别人开饭店是东南西北岔开布点，他开饭店却是越近越好。他当时的

阿五美食创办之初，樊胜武亲自掌勺。经历了初期创业艰难，阿五美食很快赢得了客人的信任。樊胜武还曾在《大长垣》中客串过

想法很简单，就是为了缓解顾客等位置的压力。

当时，郑东新区还是个"大工地"，天泽街店在装修的半年时间里，整条街连个人影都见不着。朋友和家人都劝他赔个装修钱，及时止损，可樊胜武思索再三，觉得郑东新区是未来郑州经济发展的中心，正是入驻的最好时机。

阿五天泽街店开业之后，生意远超预期，每天都宾客满座。没多久，很多知名餐饮品牌相继把饭店开到这里。每到用餐高峰期，一条街上停的有上百辆车，天泽街也被称为郑东新区的"美食一条街"。

2005 年夏天，几个山东人开着车来到阿五，一个礼拜把菜谱上的菜吃了个遍，非常满意。他们找到樊胜武，希望合作开店。随后几年，阿五在世界各地陆续开了多家门店。

如果仅仅是做生意挣钱，樊胜武已算是小有成就了。然而，他的梦想并非如此。他想要的是，以阿五为起点，让"五味调和、质味适中"的豫菜重回大众视野，让豫菜走向世界。

第二节　　不疯魔，不成活

传说黄河鲤鱼洄游至龙门附近时，领头的鱼群需要率先冲进峡谷，在狭窄的河道挡住激流、压住巨浪，后来者攀越而上，继续挡激流、压巨浪，用自己的身体为后继者搭桥铺路。如此前赴后继，日夜相继，无穷反复，直到越过龙门。

龙门是黄河鲤鱼追求理想的圣地，也可能是伤心落泪之所。理想与梦魇、希望与绝望，在龙门口缠绕交叠。

那些年，在别人都看不起豫菜的时候，樊胜武除了做好豫菜，还通过各种媒体宣传豫菜。他在《东方美食》杂志上发表的一篇文章《河南菜惹谁了？》，引起了行业大震动。

10年求索

在国际饭店做行政总厨的时候，樊胜武对于豫菜的没落就极为不甘心。

在很多人眼里，豫菜就是烩面和胡辣汤，上不了台面。然而，这大众认知中"土得掉渣儿"的豫菜，却有着深厚的历史文化积淀。

当时，一些丑化河南人的"段子"成为人们茶余饭后的谈资，而豫菜，有时也会被不公正地报道。

这些现象，深深刺痛了作为豫菜厨师的樊胜武。他愤然在《东方美食》杂志上发表文章《河南菜惹谁了？》，讲述了豫菜厚重的文化底蕴和悠久的历史，更是发出了"豫菜不'土'，更不是'低档菜'的代名词"的呐喊。

一石激起千层浪。

这篇文章刊登后，樊胜武成了两头受气的人。河南老师傅们说他不该揭传统豫菜的短，自曝其丑；外地厨师说他给豫菜脸上贴金，自吹自擂。

1995年，樊胜武和几名要好的厨师组织举办了河南省烹饪联谊会，为的是交流厨艺、学习提升、探讨豫菜的发展方向。租场地、印资料、买食材等各种费用，都是他来承担的。

河南省烹饪联谊会先后举办了6届，从第一届二三十个厨师参加，到后来几百个厨师参加，豫菜被越来越多的人关注。这种"出风头"

河南省第六届烹饪联谊会

樊胜武在《东方美食》发表文章，组织举办了河南烹饪联谊会，豫菜被越来越多的人关注

的做法，也给樊胜武带来了不少非议。有人认为他"沽名钓誉""不务正业"，就连他的师父、家人也不理解他。

这样的阵势，引起了行业的关注，也遭到了举报，说他们是"非法组织"。本是对豫菜发展有益的事情，却被外界误解，引发了争议，可因此带来的社会关注度反倒让更多人知道了豫菜。这也算在菜系"纷乱"的年代里放了一颗"小卫星"。

那时候，参加活动、比赛、举办联谊会、交流学习，是樊胜武除工作之外的必修课。当时，很多饭店的负责人并不支持厨师"走出去"，认为厨师把菜做好就行了，认为樊胜武是瞎折腾，又花钱又浪费时间。可樊胜武却觉得，只有走出去才能开阔视野、学习创新，才能不断提升自己。

往前走，去做"领头"的事

自己创立品牌后，樊胜武有了更大的力量和更多的机遇，能为豫菜做更多的事了。

那几年，阿五发展得很快，合作的门店先后开到了美国、法国、澳大利亚等多个国家和地区，成了第一家走出国门的豫菜品牌。

随着阿五品牌影响力越来越大，樊胜武的视野从开一家豫菜馆拓展到了更高的层面。他开始考虑，如何才能让更多的人了解豫菜，让豫菜走向更大的舞台。

2007 年，中华（阿五）厨艺绝技表演团成立，由阿五多位身怀

樊胜武多次发起、组织行业活动，进一步提高了豫菜的知名度

绝技的烹饪大师组成。

作为中国第一家厨艺绝技表演专业团队，表演团先后在美国、英国、法国、马来西亚等十几个国家和地区表演，并先后在中国厨师节、香港和澳门回归10周年、澳门美食节、上海世博会等重大活动中表演，受到了社会各界的广泛关注和高度认可，成为中国美食对外交流的一张义化名片。

2009年，阿五在创办5周年之际，举办了"让豫菜站起来"系列活动，引起业界广泛关注。

老老实实做好自己的企业不行吗？对樊胜武来说，当然不行。如果没有人站出来去推广宣传豫菜，在这个竞争如此激烈的社会，豫菜只会继续悄无声息。他说："无人牵头去做，没有声音发出，长此以往，又有多少人在乎豫菜？"

樊胜武开始更加频繁地参加各项活动推广豫菜，上海世博会、博鳌亚洲论坛、中国厨师节、澳门美食节、伦敦奥运会等大型活动都有他的身影。

2012年，"豫菜抱团打天下，河南美食奥运行"系列活动在英伦三岛举行。这是"豫菜抱团打天下"继2010年河南美食澳门行、2011年马来西亚美食嘉年华、2012年豫菜"四大天王"集结亮相世界厨师联合会之后的又一系列活动。

2014年，阿五邀请了全世界十几个国家和地区的600多位嘉宾来到河南，举办了一场"让世界品味中原"的系列活动。同年3月，由樊胜武发起，阿五组织的"让世界品味中原 阿五复兴豫菜十年之路（2004—2014）"系列活动在郑州举行，来自中国、美国、法国、英国、意大利、荷兰、新西兰、澳大利亚、新加坡、马来西亚、韩国、日本、加拿大等国家和地区的600多位中外嘉宾、行业领袖齐聚郑州，共商中餐发展大计。

一个豫菜品鉴宴、一场国际高峰论坛、一部河南美食宣传片，一下子让全世界的目光聚焦到了河南，也把豫菜文化推向了世界。

樊胜武觉得，自己能为豫菜发展尽一份绵薄之力，是最有成就感的事情。

樊胜武始终认为，豫菜要发扬光大，必须要站在世界的舞台上，只有站得高、看得远，才能更好地往前走。

热爱就是一分钱不给，你也要去做

事业越做越大，但樊胜武却说："我从来都不是生意人，推广豫菜是我一生的事业。"这就是热爱。

他身体力行地告诉了大家什么叫热爱——很多人不理解、不支持、反对你做一件事，但你仍坚持去做；即使不给你钱，你仍然全力以赴去做；没有时间，挤时间也要去做。

樊胜武热爱厨师这个职业。在他看来，一个好厨师，应该是一个艺术家，善用最应时令、节气的好食材，用最专业的技法，烹饪出艺术品一般的美味。他热爱阿五这个品牌。曾有人斥巨资要收购阿五，但他婉言拒绝了。他身边的人都觉得挺可惜，觉得他错失了一次挣大钱的机会。在阿五发展很好的时期，很多人提出让他涉足其他热门行业，他也拒绝了，坚持只做餐饮："干一件事就要专注，人一辈子能把一件事做好就已经很了不起了。"

从 2004 年到 2014 年，这 10 年，阿五的发展越来越好，做豫菜的饭店越来越多，喜欢吃豫菜的人也越来越多。大家不觉得豫菜"低档"了。

2014 年，《舌尖上的中国》第二季播出，导演陈晓卿把表现"相逢"主题的两个菜肴，给了两道饱含历史味道的豫菜：鲤鱼焙面和灌汤小笼包。

那是沉寂许久的豫菜和世界的一次相逢。

第三节　　挑战与舍弃

很多时候，我们不愿意改变自己，大多是因为安于现状。而樊胜武做得最多的，就是不断挑战与舍弃。

鲤鱼需要克服水的阻力跃过龙门，最需要的便是勇气和决心。

樊胜武亦是。

创新豫菜

2003 年，江苏省苏州昆剧院与著名作家白先勇携手文学、戏曲精英，共同打造了青春版《牡丹亭》。

青春版《牡丹亭》选用了俊美的年轻演员、精致的服装和道具，在保留传统唱腔的基础上融入了现代音乐元素。正式演出后，古老的昆曲大火，创下了平均单场 7000 人次的纪录，昆曲的观众平均年龄下降了 30 岁。更重要的是，这个近些年几近销声匿迹的昆曲真正走进了年轻人的心里，而入了人心，才能经久不衰。

对于任何一种传统手艺来讲，最厉害的本领，不是复刻和继承，而是创新。而创新，才是让你在市场上"一直被模仿，从未被超越"的原因。最初让阿五在市场站稳脚跟的，就是它的新派豫菜。

新派豫菜的新，究竟体现在何处？

樊胜武总结出了一句话："传承不守旧，创新不离宗。"

他发现，豫菜中有很多优良的东西，但随着时代的发展，很多东西已经不适应人们的饮食习惯了。以前的豫菜大多色重味厚，量大实惠。在过去生活条件差的时候，人们喜欢重油重糖，现在生活都好了，谁还能吃下这些？新派豫菜首先要做的，就是从色泽、口感、搭配等方面进行革新。用豫菜的烹饪技法，制作各地食材；用各地的烹制技法和呈现方式等，制作河南的菜肴。

这样的创新，在阿五比比皆是。

传统豫菜讲究制汤，阿五原创菜品番茄炖豆腐，用上好的高汤，加入嫩滑的豆腐、番茄、鲜虾仁等炖制而成，看起来赏心悦目，吃起来鲜香滑嫩。

有"会跳舞的米饭"之称的牛奶炒饭是另一道阿五原创菜品，很受顾客喜爱。

"用纯净水和牛奶现蒸米饭，炒时，里面加上玉米粒、胡萝卜、香菇丁、牛肉粒。这样炒出来一半米一半菜，干香筋软、香味扑鼻，好看好吃又营养均衡。"

为持续创新，2005 年，阿五成立了产品研发中心，由中国烹饪大师、餐饮业国家级评委等技术骨干组成，定期组织厨师上报新菜，并从中层层筛选，最终确定新菜品，呈现给客户。这些菜品以传统豫菜为根基，不仅好吃、好看，还改变了传统豫菜多油、多糖、多盐的特点，更加平淡平和、营养健康。

如今，阿五的新菜已经做到了与时俱进。

中国人讲究"不时不食"，就是遵循自然之道，吃东西要应时令、按季节，到什么时候就吃什么东西。

在阿五，新菜会和季节的变换、寒暑的来往一起出现。春天，阿五有鲜嫩的野菜，荠菜青葱碧绿，香椿配上鸡蛋鲜亮软嫩，让人把春天吃进嘴巴；夏天，阿五有什香凉粉、荆芥拌酥瓜等菜品，解暑解腻；秋天的第一道凉风吹来，菊黄蟹熟，阿五有肥腴的螃蟹，配上花雕、柠檬、话梅，醉了螃蟹也醉了人；到了冬天，来碗烩羊肉，精选豫东小山羊肉，原汤炖制，慢火将营养全部熬出来，汤色奶白，香味浓郁，几口入喉就感觉浑身暖暖的。春生、夏长、秋收、冬藏，在阿五有了新的阐释方式。

阿五的原创菜品"番茄炖豆腐"，好看又好吃

革新形式

在樊胜武看来，菜品的创新，是创新的一个重要组成部分，环境、服务、细节乃至品牌理念的创新，也是必不可少的。

阿五创办至今，门店经历了多次升级。

第一代店，以"新派豫菜"为指导，坚持使用好食材，为客户提供一个舒适的就餐场所；第二代店，从"文化"角度出发，融入中式风格及河南文化，承载欢聚时的温度与情感；第三代店，以"黄河文化""鲤鱼文化"为主线，将美食、文化、艺术相结合，打造豫菜打卡新地标；第四代店，在融入黄河鲤鱼文化的基础上，更加注重品质和客户体验，彰显东方雅致。

不主动改变，就会被淘汰。只有不断创新、与时俱进，才能有未来。

为推广豫菜，阿五在 2005 年就创办了自己的网站、企业内刊，在自媒体平台开设美食专栏《跟着阿五学美食》，出版了《中国豫菜》《中国厨师之乡烹饪大典》《河南特色饮食文化》《河南特色菜》《中国厨师之乡特色风味小吃》等美食书籍、拍摄了《大美河南 味道中原》《给河南一道名菜》等豫菜宣传片……阿五几乎每一样都走在了别人前头，所以，在菜系"乱战"中脱颖而出也就顺理成章了。

开创一店吃遍河南新模式

除了推出阿五新派豫菜，樊胜武一直在思考，河南特色风味小吃如何才能集中展现。

2022年，经过多年精心筹备和不断打磨，全新的厨乡河南大排档正式亮相。

门店设计时将中原文化元素与时尚国潮元素紧密结合了起来，融入了河南传统的街市风貌，屋瓦廊柱、门窗及灯牌幌子等处处彰显出浓郁的本土文化。独具特色的影壁墙、时尚又雅致的网红楼梯，在这里，随手一拍就是国潮范儿。店内汇集了100多种地道河南小吃，能在一店吃遍河南特色美食，胡辣汤、烩面、红烧黄河鲤鱼、大烩菜、炒凉粉、粉浆面条、菜蟒……你能想到的、想不到的，这里都有。

鸡汁豆腐脑，是有着几百年历史的河南传统小吃，新鲜自制豆腐脑搭配秘制鸡汁，入口嫩滑，令人顿觉唇齿留香，回味无穷；手工现包的水煎包，个大、馅多、煎皮长，香味浓郁，鲜咸味美，妥妥的小吃界"扛把子"；羊肉烩面，汤、菜、面融于一体，汤鲜面筋，谁不喜欢？……

除此之外，店里还有烤鸭蛋、西瓜黄豆酱、香椿酱、手工鲤鱼馍等河南特产礼盒。

人们到了厨乡河南大排档，可以在一店吃遍河南特色美食

升级食材，明厨亮灶

阿五还有一件一直在坚持做的重要的事情，就是持续升级食材。

阿五从创办之初，就坚持和大品牌合作，对各种食材及供应链进行严苛把控。仅仅这一项，阿五每年都要多支出数百万元。虽然消费者不一定吃得出来，但在樊胜武看来，"做餐饮就要像为家人做饭一样，除了美味，食材安全是最重要的"。

在土耳其参观过"白百合"餐厅后，樊胜武深受启发。"白百合"是 2004 年欧洲实施的一项餐饮清洁安全工程，当地的消费者相信，悬挂着"白百合"标志的餐厅，食品安全一定有保证。

对于一个餐厅来讲，负责出品的厨房，是最重要的。在食品安全的众多环节中，厨房安全无疑也是最有难度的。食材新鲜程度如何、加工过程是否规范、厨具是否经过清洁消毒等，消费者很难知情。由于众多食堂及餐饮企业厨房是"封闭式"的，"透明化"的厨房大多成了一种设想。

全国最早开始采用"明厨亮灶"的，是砂锅居、同春园、鸿宾楼等老字号餐厅。时间回溯到 1998 年，敢把厨房开放给顾客看，成了轰动京城的新鲜事，也成了这些老字号餐厅的"卖点"。当年的媒体曾引用评论说，餐馆向顾客开放厨房，在饮食业具有革命性意义。

经过再三思考，阿五决定全面推行"明厨亮灶"。

经过改造，阿五的厨房是可以随时参观的。厨房的物品摆放有序，

阿五全面推行"明厨亮灶",并联合20家餐饮企业对食材安全进行严格把控

没有水渍，用五色菜墩分类切菜，连锅底也刷洗得干干净净，擦盘子不用抹布而用原生木浆纸，刀具、餐具全部清洗后用高温消毒，保证"舌尖上的安全"。此外，员工每天都会清洁地面，保证厨房地板没有一点水渍。很多客户参观完阿五的厨房，第一反应就是"比家里的厨房还要干净、讲究得多"。

2013年，阿五成为首批"全国清洁卫生安全评估保障体系"的餐厅，而全国仅有5家餐饮企业入选。

2015年，阿五率先升级食材，并联合20家餐饮企业一起掀起了一波食材升级的热潮。

挑战与舍弃，从来都是不易的。

总有一些人趁着空子赚取利益，也有人想改变现状却无能为力，但还有一些人意志坚定，克服重重阻力，坚守着自己的初心和梦想。

第四节　　改名风波

　　到 2015 年，经过十几年的持续努力，在河南的餐饮界，樊胜武和他的黄河大鲤鱼正在被越来越多的人了解、接受和喜爱。

　　他始终没忘记要继续往前走，因为他的"龙门"还在前方。

给河南一道名菜

随着对豫菜了解越来越深入，樊胜武发现，豫菜虽然博大精深、名菜众多，但一直缺少一道让人耳熟能详的招牌菜。

"说起北京，大家想到的就是烤鸭；说起湖南，大家就会想到剁椒鱼头；说起福建，当属佛跳墙……每个地方的菜系，都是以一道很有影响力的特色菜来带动客户认知的。那么，对于饮食文化深厚的河南来说，哪道菜最能代表豫菜？"

他为此数次失眠。

"行动派"的他，经过长时间、多渠道调研，收回1万多份调查问卷，得出的结论是：在黄河鲤鱼、扣碗、烩面、胡辣汤等河南人耳熟能详的特色菜品中，多数人认为黄河鲤鱼最能代表豫菜。

黄河绵延5464公里，流经的各省区都产鲤鱼，而尤以河南段的鲤鱼最好。

黄河鲤鱼作为四大名鱼之首，味道鲜美，肉质细嫩，曾多次上过国宴。若再往前追溯，中国人的宴席上，向来讲究宴之有"鲤"。逢年过节、寿诞嫁娶，任何欢乐的时刻，鲤鱼都不可或缺，可以说鲤鱼在人们心中一直是拼搏进取、成功吉祥的象征。

红烧黄河鲤鱼是阿五创办以来最畅销的特色菜，但是一直没有聚焦推广。经过多次开会讨论，樊胜武决定更名，把品牌与品类关联，将"阿五美食"更名为"阿五黄河大鲤鱼"。

经过多次开会讨论，樊胜武决定将"阿五美食"更名为"阿五黄河大鲤鱼"

这一想法一宣布，大家一片哗然。

内部管理人员不理解，不认同，觉得更名以后没有未来，部分管理人员甚至提出了离职。行业协会领导也不同意，说："阿五不是你一个人的，价值上亿的金字招牌、中国驰名商标，你说改就改了？"客户也质疑，说："好好的豫菜不做了？阿五美食改鲤鱼馆了？"家人说："现在经营好好的，没必要冒这么大风险。"……

认识不认识的，都来劝他。

有人说他疯了，有人说他经营不下去了。"反正善意的、恶意的，说什么的都有。"樊胜武回忆道。

面对外界的质疑和不理解，樊胜武内心却非常坚定，他坚信，随着市场竞争的细分，只有专注聚焦、不断提升，企业才能更好地发展。过去是"去哪里，吃什么"，现在是"吃什么，去哪里"。

这样的事情早就不是第一次了。

当同龄人在老家安于现状时，樊胜武选择去郑州打工；当成为国际饭店的行政总厨后，因为别人看不起豫菜、看不起河南厨师，他便毅然放弃年薪6位数的稳定工作，开了家并不大的豫菜馆。

在2015年的夏天，他又一次下定决心。

那段时间，他经常会想起自己的父亲。父亲当过兵、打过仗、立过多次战功，本来有机会能过上更好的生活，却在1958年国家困难的时候，毅然选择回到家乡做一名村支书。父亲用他一辈子的经历，教会孩子们要守正、勤奋、忠勇、舍得、勇于担当。

樊胜武的父亲生于1928年，2002年去世。父亲当兵时得了雪盲症，因此，什么时候都离不开眼镜。父亲回乡后，当了几十年的村支书，没有占过公家一分钱的便宜，清贫正直。生活困难时期，家里孩子多，

那段时间,面对种种质疑和不理解,樊胜武想起了自己的父亲。父亲用他的一生,教会了孩子们要守正、勤奋、忠勇、舍得、勇于担当

粮食不够吃。父亲是战斗英雄，国家照顾他，要给家里发粮食、给家人转商品粮户口，但都被他婉言谢绝了。

父亲留给了樊胜武取之不尽的精神财富。

"人这一辈子，坚守一样东西到底是很难的。在坚守这条孤独的小路上，你要不停地和自己的惰性作战，和外界诸多的诱惑作战，坚持着别人理解或者不理解的初心——就像在沙漠里，忍着不去喝那口水。"

人彷徨踟蹰，不过是因为欲望、害怕失去。樊胜武想："即使这次失败，我还有一技在身，大不了从头再来。"

2015年7月的最后一天，一夜之间，阿五美食所有门店的招牌全部换成了"阿五黄河大鲤鱼"。

是对还是错？

刚更名的那段时间，阿五取消了优惠、促销、打折活动，减少了菜品，顾客数量出现断崖式下降，同时，门店环境、食材等全面升级，成本大幅度上升。

为了扭转困局，樊胜武卖掉了房子。

企业进入了"寒冬期"，很多人开始猜测阿五是不是出了什么问题。那段时间，是樊胜武压力最大的阶段。

"这么难，为啥还要改！"

他在心里反复自问："我是谁？我是做什么的？阿五有什么特色？"

一个品牌代表一个品类，那阿五代表什么？

每天早上，鲜活的黄河鲤鱼被送到店里，厨师们按标准的制作流程处理，让鱼肉的鲜味达到最佳

豫菜博大精深、名菜众多，招牌菜又是什么？

豫菜、阿五、黄河大鲤鱼，如果能链接在一起，形成逆等，那给河南一道名菜这事就成了。

更名后，他更加认真地对待这条黄河鲤鱼。

阿五的鲤鱼，来自郑州黄河边。作为黄河中下游的分界点，这一段的黄河水，流速相对较缓，河床宽，水草丰茂，最适合鲤鱼生长。

深层过滤的黄河地下水，在接近原生态的环境里，两斤左右的黄河鲤鱼生长周期需要两年。每天早上，鲜活的黄河鲤鱼送到店里，厨师们按标准的制作流程，去腥筋、三叉骨，花刀解鱼、两次按摩，放入冰箱冷藏静置排酸 1 个小时，让鱼肉的鲜味达到最佳。

两斤的鲤鱼解八刀，经过标准油温炸制，加入高汤、香菇和冬笋烧制，一条滑嫩鲜香的红烧黄河鲤鱼就做好了。

经过 5 次技术升级，阿五红烧黄河鲤鱼被越来越多的人了解、接受和喜爱。

在阿五英协路店附近居住的一位荆老爷子，从阿五英协路店开业至今，几乎每星期都来。他说："阿五的食材最好，在这儿吃饭最放心。阿五就是我们家的厨房。"

"游回来"的黄河鲤鱼

对樊胜武来说，黄河鲤鱼是他生命里最重要的东西。

他犹记得老家长垣的黄河里那些欢蹦乱跳的大鲤鱼。夏天的时候，他常跟小伙伴们到家门口的池塘里摸鱼。他至今仍清楚地记得自己摸到一条红尾巴的鲤鱼时的狂喜，以及活蹦乱跳的大鲤鱼从手中滑落时的沮丧。

这样的场景，常常会出现在他的梦里。

这条来自故乡的黄河鲤鱼，和樊胜武结下不解之缘，是他此生无法更改的挚爱。

他坚信自己会一直把阿五做下去，希望能把它做成百年老店。

阿五的出现，影响的还有餐饮这个行业。阿五创办之后，更多的豫菜馆在河南如雨后春笋般遍布大街小巷。现在，大大小小的饭店，都少不了黄河鲤鱼，甚至一些经营粤菜、沪菜、杭帮菜等其他菜系的饭店，也开始主推黄河鲤鱼。

黄河鲤鱼，在从"龙门"跌落、经历了长时间的沉寂之后，重新积聚了势能，高高地跃向了"龙门"。

关于鲤鱼的传说有很多，但人们最耳熟能详的还是"鲤鱼跃龙门"。相传，鲤鱼们游至龙门附近后，苦练甩尾跳跃之功。可即便如此，它们与龙门仍相差甚远。这时，一条金背鲤鱼率先跃起，以己身为平台，助力众鱼跃过了龙门，而它却重重落回水中。它并没有放弃，仍在寻找时机跃向龙门。终于，它抓准了时机，凭借着恰巧冲击到河心巨石上的黄河水再次奋力跃起，跃过了龙门。霎时间，天雷滚滚，鲤化成龙。

关键时候，总要有人敢于尝试，不惧失败。

人这一辈子就是要挑战自己。樊胜武的每一次挑战，从农村到城市、从厨师到创业、从阿五美食到阿五黄河大鲤鱼，不都是在挑战自己、突破自己吗？

小时候的樊胜武常跟小伙伴们到家门口的池塘里摸鱼。他至今仍记得自己摸到
一条鲤鱼时的狂喜

归处在远方，来处尚犹在。不管多忙，每隔一段时间，樊胜武总要回老家长垣，吃吃家乡的鸡汁豆腐脑、枣糕、脂油火烧，烦乱的心就安逸平静了。

那是他的来处。

阿五十年功勋人物欧洲之旅

技能比武

引领豫

更是推动了黄

水大鱼

当黄河鲤鱼与

之际，阿五人

品类，也让整

和养殖。

《人类

否，评断标准

不再有某物种

表这个物种的

某种意

依靠豫菜复兴

第四章

黄河鲤鱼的生存哲学

第一节 这是一群相互成就的"鱼"

阿五自 2004 年创办以来,累计销售数百万条黄河鲤鱼,是名副其实的"鲤鱼王"。

在以阿五为代表的餐饮企业的"扶持"下,黄河鲤鱼族群愈加壮大,迎来了史上最繁盛的生长时期。从另一个角度来说,黄河鲤鱼从人们的餐桌上找到了其原始基因得以繁衍壮大的契机。可以说,黄河鲤鱼和阿五是双向奔赴,也是相互成就。

在水大鱼大的豫菜江湖中,阿五能够成长为"鲤鱼王",也有着自己的生存哲学,而"成就他人才能成就自己"就是它遵循的重要原则之一。

这群"鱼"相互鼓励、相互成就,不断积蓄着"跃龙门"的底气和底蕴。

"成就他人"的物种哲学

从早期的人类摄取蛋白质的重要来源，到后来丰富多彩的鱼文化，黄河鲤鱼和人类，在历史的长河中不断地交织。

2005年，福建省宁德市周宁县的鲤鱼溪护鱼习俗，被列入福建省非物质文化遗产名录。该习俗已传承800年之久，以"鱼塚、鱼葬、鱼祭文"为核心。

2008年，周宁鲤鱼溪的"鱼塚、鱼葬、鱼祭文"获评"年代最久的鲤鱼溪""世界吉尼斯——中国之最"。

鲤鱼溪位于周宁县城西约5公里处，一泓溪水穿村而过，一座座明清古民居林立两侧，溪中数万尾鲤鱼悠然自得、惬意生长。鱼闻人声而来，见人影而聚，人鱼同乐，妙趣横生。

相传，南宋嘉定年间，郑氏先祖为避战乱从河南开封迁居浦源村。为澄澈水源，郑氏先祖在溪中放养鲤鱼，并订立了族规，严禁捕捞和伤害鲤鱼。数百年间，郑氏族人严守族规，即使在20世纪五六十年代的困难时期，村民宁食野菜、糠饼，也绝不捕食溪中鲤鱼。

我们不妨大胆猜测，从河南南迁的郑氏祖先，也许对黄河鲤鱼有着独特的记忆，才选择鲤鱼作为饮用水源的"守护神"，而在此繁衍的鲤鱼也得以"颐养天年"。

物种在进化演变中，对周边的物种"有用"才是生存的必要条件，黄河鲤鱼也不例外。黄河鲤鱼游弋千年，之所以一度面临物种消亡的危机，还是因为人类对其依赖程度的削弱。

如果没有复兴的豫菜，没有阿五对黄河鲤鱼深度的聚焦，也许仍会有人守护黄河鲤鱼族群，但这种依靠热情维护的物种繁衍和文化传承，存在着太多的不确定性。

黄河鲤鱼经过不断升级，又游回餐桌，在满足消费者味蕾的同时，也上升为了河南一张美食名片。

2021年，阿五红烧黄河鲤鱼制作技艺入选郑州市非物质文化遗产名录。在河南，红烧黄河鲤鱼已成为宴请宾客、招待亲友的一道头牌菜。

红烧黄河鲤鱼及阿五品牌，先后获得"河南十大经典名菜""中国美食地标保护产品""中国餐饮业十大品牌""豫菜品牌示范店""中国非遗美食（巴黎）国际邀请赛"特金奖等众多荣誉。值得一提的是，2017年至2023年，阿五5次登上大众点评必吃榜，是河南登榜次数最多的品牌之一。

大众点评必吃榜，作为人们心中最权威的美食指南，始终聚焦于用户最真实的消费体验，没有专家评委，没有商家参与，可以算得上是由消费者"吃出来"的美食榜，"味道好、服务好、环境好"是唯一上榜要求。阿五从数十万家餐饮企业中脱颖而出，5次登榜，靠的就是其鲜明的城市特色、卓越的品牌力和极佳的体验感。

如今，红烧黄河鲤鱼之于河南，不只是满足味蕾、承载乡愁的一道美食，还是非遗美食、河南头牌菜、中国美食地标保护产品，更是引领豫菜"破圈"的亮点之一。

2021 年，阿五红烧黄河鲤鱼制作技艺入选郑州市非物质文化遗产名录

"大鱼"养成记

黄河鲤鱼是群居性物种，阿五也是。随着阿五一步步发展壮大，相伴成长的"鱼群"，也都在找寻自己的定位和成长空间，以期成为更好的自己。

在民间，鲤跃龙门常常寄托着人们的美好祝福。而在阿五，这种美好的愿景正在员工身上成为现实。

田韶卿是阿五第一批员工之一。

2004年3月15日，阿五第一家门店开业后，不到20岁的田韶卿来到阿五开始了学厨生涯。他见证了阿五的发展，阿五也见证了他的成长。

田韶卿来阿五的时候，店里只有4个厨师、4个服务员。他忙完切菜，又去打荷、收台、打扫卫生，哪儿需要他就去哪儿。

一次，田韶卿看师父切菜，刀起刀落，又快又匀，心里特别羡慕，便照着师父的样子操作起来，谁知没切几下，刀就切到了手指。1/4的指甲连着肉被切了下来，鲜血直流，连着几天不能沾水。他很感慨："学技术非一日之功，必须勤学苦练，台上一分钟，台下十年功。"

于是，田韶卿更加勤奋努力，不断练习。随着技艺的提升，他从一名小厨工，逐渐成长为独当一面的厨师长，不仅把厨房工作管理得井井有条，还多次参加国内外各种厨艺比赛。

2016年，第一届世界中餐烹饪大赛在法国巴黎举行，来自世界十几个国家的百余名选手参加。田韶卿烹制的红烧黄河鲤鱼，一路过关斩将，夺得"中国非遗美食（巴黎）国际邀请赛"特金奖。

阿五就像一所"社会大学"，很多在书本里、学校里学不到的东西，在这里都能学到。

和田韶卿一样，赵耀刚刚到阿五的时候，也是一个对烹饪一无所知的"小白"。

2006年3月，不满20岁的赵耀离开校园，走进阿五，成为一名厨师。他经过不断努力，成为荣获多项荣誉的烹饪大师。一路走来，他感悟最深的就是，选对企业很重要。

赵耀入行的第一份工作是"水台"，负责各类水产品的初加工。

"那时刚入行，操作不太熟练，手上经常被划出一道道口子。我就利用休息时间勤学苦练，很快掌握了这个岗位的技能。'水台'不忙的时候，我就主动去学习凉菜、配菜，不到4年的时间，我已经能上灶炒菜。"赵耀说。

赵耀表示，其他饭店大多招聘有经验的厨师，很少培养员工。而阿五，不仅鼓励你学，还"逼着"你进步。阿五会经常组织员工参加各种比赛。

2008年，为迎接北京奥运会，阿五联合餐饮行业协会举办了"阿五杯"奥运主题烹饪大赛。那次活动中，赵耀用面条制作了一个宽1米、长1.3米的国内可以吃的最大的"鸟巢"，用自己的方式为奥运助力，引起社会各界广泛关注。

2017年，泰国政府与中国文化部在曼谷共同举办了"欢乐春节·中原文化泰国行"活动。活动期间，赵耀和阿五厨师团队不仅为泰国民众和游客带来了精彩的厨艺绝技表演，还现场烹制中国名菜——红烧黄河鲤鱼。色泽红润、滑嫩鲜香的鲤鱼受到泰国民众和游客的热烈追捧，每天都有近 200 人排队品尝。他们对红烧黄河鲤鱼赞不绝口，纷纷给中国厨师点赞。

从"马来西亚美食嘉年华"到"中国非遗美食（巴黎）国际邀请赛"，再到香港赛马会……赵耀的身影越来越多地出现在各种赛事和国际舞台上。

"大多数餐饮企业的员工没有太多机会去参加比赛，"赵耀坦言，"一方面会影响工作，另一方面厨师名气大了容易'翘尾巴'。可在阿五，领导不仅鼓励员工参加比赛交流、提升技艺，还会定期组织员工外出学习考察，开阔视野。"

如今，赵耀负责阿五产品研发工作。回望来时路，他对阿五的培养充满了感激。

和赵耀一样，厨师张斌也在企业实现了事业、爱情"双丰收"。

在来阿五之前，张斌曾在几家饭店工作过。

"那个时候，我一个月 2000 多块钱工资，还要还贷款，压力特别大，一分钱都不敢乱花。"张斌回忆，这样的压力也让他一度觉得从厨学不到什么东西，没有发展前途，准备转行。

2016 年，张斌来到阿五之后，逐渐打消了要转行的想法："在这里，厨房有很多工作 10 年以上的厨师，每个人都能很好地成长，有自己的一技之长。"他通过店里组织的技能比武和日常表现得到了领导的认可，短短两年时间，从普通厨师晋升为主管。

在阿五时间长了，张斌也更深刻地感受到这个平台的魅力——除了按时给员工发工资，还有各种福利，如举办员工运动会、组织优秀员工去国内外免费带薪旅游等，这是以前工作时从来没有过的。

培养了一支精干队伍的阿五，也带领这支队伍稳稳地扛起了豫菜复兴的大旗。

小鱼也能跃龙门

善于成就他人的阿五，努力让每个员工都遇见更好的自己。

2019 年，不满 20 岁的李曼玉在妈妈的陪同下，到郑州发展。

初到阿五，李曼玉对餐饮一无所知，不善表达的她更不知道怎么和顾客交流，一跟顾客说话就脸红。她的师父柴小平告诉她："不要紧张，把顾客当家人相处。"这句话给了李曼玉巨大鼓励，也让她慢慢迈出了第一步。

有一次周末，店里特别忙，李曼玉在服务时被客人投诉了。"这个服务员服务态度不好，没有一点微笑，换个服务员给我服务。"店长立刻换了另一位服务人员。随后，店长对李曼玉进行了安抚和指导。

"当时这件事对我打击特别大，后来经过与店长谈心，我也明白了自己确实没有做好。"李曼玉说，"客人来用餐，品尝美食，作为服务人员，我们要为他们创造愉悦的用餐体验。"

此后，阿五强调的"微笑服务"就在李曼玉心里牢牢扎了根。只要面对客人，她就会把微笑挂在脸上。

一次，几位外地顾客慕名到店用餐，李曼玉热情地接待了他们，不仅为他们介绍河南饮食文化及特色美食，还让他们喝上了阿五特色的鱼头酒，欣赏了河南传统豫剧。用餐结束，李曼玉又为客人赠送了合影照片。客人特别开心，离店前专门找到前厅经理，说："这个服务员服务太好了，热情又周到，从头到尾都是笑眯眯的。"

慢慢地，李曼玉的服务被越来越多的顾客认可，她也收到了多位顾客的"表扬信"，经常有客人点名让她服务。

顾客的认可和鼓励也让李曼玉有了满满的成就感，她更加喜欢与顾客交流、找到了服务的乐趣。2023 年，她被评为年度"服务之星"，站到了阿五的领奖台上。

看着李曼玉从一个爱哭的小姑娘一步步成长为一名成熟的职业餐饮人，她的师父柴小平也很骄傲。

柴小平，阿五第一家店的首批员工之一，开业第一天就在这里工作。在她心里，阿五就像自己家一样亲切、温暖，每次聊到阿五创业初期的故事，她都如数家珍。

在这里，她不断学习成长，不仅在事业上有所收获，也邂逅了爱情，建立了美满幸福的家庭。

凭借着自己的勤奋、坚持、用心，她从一名普通的员工，成长为一名优秀的管理人员，忠于企业和热爱职业在她身上体现得淋漓尽致。

和柴小平一样，在阿五实现人生价值收获满满幸福的，还有张亚男。

进入阿五之前，张亚男没有任何餐饮服务经验。她在许昌上班的时候，每天早上 8 点上班，下午 4 点下班，基本没什么烦恼。这样的生活很安逸，但每月 1000 多元的工资只能维持她的基本生活。

想到父母辛苦供自己求学，现在终于工作了，却不能帮他们分担家庭压力，张亚男辗转难眠，决定趁年轻到大城市闯一闯。

2011 年，到郑州探亲的张亚男路过阿五陇海西路店，大气的门头吸引了她的注意。她看到店里的招聘启事后，就抱着试一试的心态走了进去，成为一名兼职服务员。

来到阿五后，张亚男被配了一个专门的师父。师父带她熟悉环境、教她服务技能，照顾她的衣食住行，给了她很多温暖。

"每次开餐时，师父都会帮我打好饭，餐尾不忙的时候就催促我去休息，时时刻刻关注我的感受，把我当小孩子一样照顾。"张亚男回忆说。

与之前的工作相比，这里温暖的团队、忙碌的氛围以及稳定的平台和巨大的成长空间，吸引她留下来长期发展。

靠着不服输、不怕苦的韧劲儿，入职不久，张亚男就成为一名领班，之后又成了前厅经理。张亚男笑言："当你努力的时候，不单单是你的领导、同事，你服务的客人也会真心喜欢你，真正认可你。"

刚转行的时候，张亚男的家人并不支持她。但她告诉父母，她想要一个更大的平台、有更高的收入，想要在大城市里面安家，家里人便也不再说什么。

张亚男的梦想在阿五逐一实现。她把孩子从老家接了过来，还在郑州买了人生中的第一套房子。2022年、2023年，她作为阿五的优秀员工，跟着团队先后去了内蒙古、吉林，有了更广阔的视野。

"那是我第一次坐飞机，第一次走出河南。"张亚男坚信，在阿五，只要不断努力，就能走得更远。

在水大鱼大的豫菜江湖，阿五能够成长为"大鱼"，有着自己独特的生存哲学。
这群"鱼"相互成就、相互鼓励，不断地积蓄着"跃龙门"的底气和底蕴

一群人，一群鱼的故事

在阿五总部，有一面独特的文化墙，上面是一群逆流而上的"小鲤鱼"，每一条鲤鱼身上都刻有一个名字。这些人都是阿五现在或者曾经的伙伴，是樊胜武心中的"功勋人物"。

阿五为离开的伙伴创建了一个"永远阿五人"微信群，会组织已经离开的员工定期聚会，相互交流，像家人一样。这是阿五人独有的温情和浪漫。

这是一群"鱼"的故事，也是一群人的故事。

在阿五，这样的故事，每天都在上演。

第二节　　带伤也要逆流而上

在鲤鱼文化中，"鲤跃龙门"是民间演绎版本最多的故事之一。这其中蕴含着先人们朴素的人生观、价值观。

黄河鲤鱼需要历经艰辛，完成"龙门"的惊险一跃，才能实现生命的升华。

阿五被业界称为"鲤鱼王"，在快速成长过程中，难免会遇到自己的"龙门坎"。从 2020 年到 2023 年，新冠疫情、特大暴雨灾害、品牌危机三重关卡，层层考验着阿五的战略决策和战略定力。

在最艰难的时刻，阿五从中原文化和鲤鱼文化中汲取了重新站起来的力量。跃过龙门的"鲤鱼王"，更加坚定了品牌发展从"铺天盖地"走向"顶天立地"的决心。

头鱼指引的方向，是群鱼的方向

就像传说中的鲤鱼族群会跟着"鲤鱼王"溯游而上，开启传承千年的洄游苦旅一样，阿五的企业价值观正在潜移默化地影响着员工的人生观、价值观。

2019年12月，餐饮业迎来一年中的"黄金时节"。按照往年的情况，这将是门店最繁忙的时候，阿五所有员工都在全力保障年夜饭供应。

谁也没有想到，张灯结彩的氛围中，新冠疫情呼啸而来。

那时，阿五年夜饭早已订满。作为阿五的厨师，金乾武同样在为年夜饭忙碌着。

突然而至的疫情，让金乾武有点不知所措，想要逃离，而阿五工作群中的一句句温暖的鼓励，让他渐渐平静了下来。那时，门店还计划把100多万元的食材送到周边封控小区和社区工作人员手中。虽然不是负责人，但是看到这么多食材被送出去，金乾武感到有些心疼的同时，也十分佩服阿五的这种大爱。"小时候对'非典'很懵懂，现在亲身经历'新冠'又是不一样的感受。"每天刷着新闻动态，金乾武能感受到武汉"抗疫"一线的严峻，他也希望自己能做点什么。

2020年1月26日，河南省首批医疗队逆行出发，驰援疫情最严重的武汉市青山区方舱医院。2月24日，武汉餐饮业协会会长刘国梁和武汉市青山区商务局局长蔡丽华联系到了被封控在家的樊胜武。

原来，驰援武汉的河南医疗队队员们已高强度连续工作20多天了，因水土不服，再加上吃不惯当地饭菜，部分医务人员身体吃不消，出现了异常反应。所以，武汉方面希望樊胜武帮帮忙。

这个电话，让樊胜武既痛心，又为难。他痛心的是，医护人员实在是太辛苦了；为难的是，每个厨师都是孩子的父母，也是父母的孩子，万一出点事，他该怎么给这些家庭交代。

但作为郑州市餐饮与饭店行业协会会长，樊胜武思考片刻后，答应了此事。只要能为"抗疫"做事，他一定会全力以赴。他放下电话后迅速组织各个餐饮企业选派优秀厨师，同时组织捐款、捐物支援"抗疫"。

得知这一消息的金乾武，第一时间报了名。

短短两天时间，6名厨师和价值30多万元的物资全部到位。

2020年2月26日，樊胜武在阿五黄河大鲤鱼郑州英协路店门前为6名厨师举行了简单而庄重的出征仪式。驰援武汉的6名厨师带着满满两大车的爱心物资向武汉行进，成为全国第一支驰援武汉的餐饮队伍。

"当时的高速上，只有我们几辆车朝武汉方向行进，我们心里还是有些害怕的。"河南援鄂厨师领队、阿五的厨师长朱高鹏回忆。他不敢告诉家人实情，只是告诉他们可能要在店里待一段时间。

"当时已经做了最坏的打算。"金乾武坦言。出发前，他悄悄留了一封信，可以被视为"遗书"。金乾武在信里特别注明："如果出现意外，与阿五没有任何关系，是我自愿的。"

一到酒店，金乾武一行便受到了河南医护人员的热烈欢迎，直呼"娘家人来了"。医疗团队的热情让他们忘记了害怕。抵达武汉当晚，他们就制作了医护人员心心念念的家乡美食。当医护人员吃到熟悉的味道后，不少人都激动地落了泪。

金乾武记忆最深刻的是 4 名女护士。由于要长期穿防护服，长发并不方便，她们便都剃了光头，爱美的她们甚至都不敢照镜子。

3 月 8 日，想家的金乾武给母亲打了一个视频电话，看到母亲担心的神情，他也只能安慰母亲自己这里一切安好。他觉得，自己是母亲的孩子，但身边这些奔赴在一线的医护人员，同样是每个家庭的顶梁柱，他希望自己能坚持到最后。

从 2 月 26 日到 3 月 24 日，金乾武一行在武汉待了近 1 个月。他们每天换着花样给援鄂医护人员做家乡美食——烩面、胡辣汤、红烧黄河鲤鱼。有一次，他们为了给 300 多位医护人员包饺子，凌晨 4 点就起床忙碌，累得胳膊都抬不起来，但金乾武乐此不疲："他们负责治病，我们负责暖胃，不仅要让他们吃饱，还要让他们吃好。"

在河南首批医疗队全部返回郑州后，朱高鹏、金乾武、李娟等驰援的厨师队伍才收尾回郑。在他们的《战"疫"日记》里，他们自豪地表示，身穿白色厨师装和白衣天使们一起战"疫"，可能是他们这辈子最自豪的事情之一。

他们每天写的《战"疫"日记》被郑州博物馆、河南省图书馆收藏，他们也被评为"中国最美厨师"。

后来，在一场分享会上，金乾武动情地提到曾经写过那么一封"遗书"。得知此事的樊胜武也十分感动，希望能够收藏这份珍贵的历史见证。可金乾武在安全回来后，已将信件销毁，这也成为樊胜武心中的一大遗憾。

阿五的厨师们每天换着花样给援鄂医护人员做家乡美食。他们也被评为"中国最美厨师"

17 岁的"孩子"犯了错

在"鲤跃龙门"的传说中,没有跃过龙门的鲤鱼额头便会留下黑疤。唐代著名诗人李白还以此写了首诗:"黄河三尺鲤,本在孟津居。点额不成龙,归来伴凡鱼。"

鲤鱼在试图跃过龙门时,一旦失败,就会重重摔下。

"逆行武汉,用美味奉献爱心"让阿五的品牌形象迎来了新的高光时刻,但一场毫无征兆的危机,让阿五在短时间内,从峰顶跌到了谷底。

2021 年,一场空前的品牌危机,让阿五陷入到了舆论风暴的正中心。

此时的阿五,就像漂在一望无际的大海中的一叶扁舟,一个浪头打来还没有喘过来气,另一个更大的浪头紧接着就扑面袭来,让人难以呼吸。

大多有影响力的企业和个人,一言一行都会引起社会的广泛关注,也在接受着大众的监督。

"错了就是错了,我们要认真反思,承担责任,坚决改正。"彼时的阿五就像个 17 岁的孩子,在成长过程中犯了一个错误。

品牌危机发生后,他诚恳认错,请求社会大众的原谅。社会大众也表现出很大的包容性,没有出现大量的顾客流失的情况,也没有员工流失。大家的不离不弃,给了阿五重新站起来的勇气。

尽管满是伤痕，也要逆流而上

一波未平，一波又起。刚刚摔了跟头、尚未恢复元气的阿五，带着伤痕，又经历了另一场逆流旋涡。

2021年7月20日，身处内陆的郑州，遭遇了百年不遇的"7·20"特大暴雨灾害，阿五门店和社会上的大多数店铺一样，成为汪洋中的一叶扁舟。

那天夜晚，蹚着没过胸口的积水，阿五人聚在一起想对策。樊胜武提出要积极组织门店自救，照顾好员工，同时要积极支援抗洪救灾。

"支援救灾没问题，但这时候会不会再引来一些非议？"有位管理人员说。樊胜武也明白企业此时正处于风口浪尖上，即便是捐款、献爱心，也极有可能再次引起一场舆论风波。

略作思量，樊胜武便表示："一码归一码。危难关头，我们还应该像以前一样，义无反顾地担起社会责任。"他当即做出决定：门店存的物资发放给需要帮助的人，所有门店全天开放，为救援队员、受灾居民免费提供住宿、热水、充电及简餐服务。同时，阿五决定给河南省慈善总会捐款100万元，支援郑州抗洪救灾。

河南省慈善总会邓永俭会长得知此事，非常感动。他说："阿五一直是一家很有爱心的企业。这几年，餐饮业非常不容易，此次洪灾，企业自身也损失惨重，在这样的情况下还能捐出100万元，为阿五的爱心点赞。"

"7·20"特大暴雨灾害期间，阿五向河南省慈善总会捐赠100万元，为灾情严重的地方送去上万份餐食，还向社区居民赠送爱心馒头

　　"7·20"特大暴雨灾害期间，阿五所有门店已经无法正常营业，员工积极投入救援当中。他们先后为郑州大学第一附属医院、郑州正弘城、中牟白沙镇等受灾严重的地方免费送去上万份餐食。

　　每一次"大事"，阿五从不缺席，抗震救灾、爱心助农、捐资助学、关爱弱势群体……每次都积极奉献爱心，传递温暖。

每一次"大事"，阿五从不缺席，积极奉献爱心，传递温暖

跃过"龙门坎"，反哺"生态"

作为豫菜复兴的践行者，阿五在弘扬豫菜的过程中，收获了一定的关注度。这也带动阿五在豫菜这个赛道上一往无前。

但，前进的道路上并不总是一帆风顺的。

在经历了新冠疫情、特大暴雨灾害和品牌危机这三道"龙门坎"后，阿五也开始反思：怎样才算是一家成功的企业？

在一遍遍的自我追问中，"不做一家铺天盖地的企业，要做一家顶天立地的企业"，成为阿五更侧重的新目标。

阿五经受住了种种考验，愈发成熟。而这些宝贵的经历，都沉淀为了企业坚实的"基石"。

在经历过大起大落之后，阿五仍是那个愿意为豫菜扛旗，愿意成为穿越市场的洪流逆流而上的豫菜先行者。

第三节　　有"魂"的鱼才不会迷失方向

在这个"地球村"时代，海鲜丰富着消费者的餐桌。

黄河鲤鱼在这个时候能"游回"餐桌，靠的绝不仅仅是味道。在豫菜复兴的道路上，黄河鲤鱼之所以能再次唤醒食客的记忆，还是因为它刻在基因中的历史和文化的印迹，品尝一口红烧黄河鲤鱼，就是在品味千年来积淀的文化底蕴。

一代人有一代人的使命，每个时代都会为文脉注入新的内涵。而只有有"魂"的鱼，才不会在新旧更迭中迷失方向。

豫菜里的黄河鲤

黄河孕育了中华民族的精神，也滋养了豫菜这一菜系之源。而在黄河中游弋了千万年、沾染了黄河气蕴的黄河鲤鱼，不仅游入了《诗经》，也成为豫菜的重要组成部分。

从古至今，在中国传统文化中，鲤鱼元素随处可见。随着时代的演变和发展，鲤鱼文化也在不断地与时俱进，成为符合时代发展的文化符号。有"魂"的黄河鲤鱼，始终是一种寄托美好期盼的载体。

华灯初上，在阿五黄河大鲤鱼的各门店中，红烧黄河鲤鱼成为主角。在点了这道头牌菜的顾客动筷品尝之前，阿五的服务员会讲一段河南的鱼头酒文化。在"头三尾四，腹五背六"的鱼头酒文化中，宴会的氛围达到了小高潮。

在这里，顾客会了解为何只有金鳞赤尾才是地道的黄河鲤鱼，会知道阿五的黄河鲤鱼都有专属"身份证"。阿五随红烧黄河鲤鱼赠送的鲤鱼香囊，也深受大家的喜爱。可以说，顾客在品尝黄河鲤鱼的同时，也开启了一场穿越时空的文化溯源，一个个关于黄河、关于鲤鱼的妙趣横生的小故事，通过阿五服务员的介绍，悄然在人们的脑海中扎了根。

"豫菜，应该有一个代表性企业和代表性人物。我愿意去做这个时代的豫菜记录者。至于干得好不好，就让别人去评价吧。"樊胜武曾这样表达。

阿五在用豫菜讲述"黄河故事"的同时，也给黄河鲤鱼注入了新的时代内涵，让它有了新的价值表达。

"复活"传统豫菜

正如鲤鱼洄游一样，阿五作为豫菜复兴的扛旗者，在豫菜融合百家之长时，依然坚定地想要"复活"传统豫菜，寻到豫菜的"源头"，让豫菜绽放新的光彩。

铁锅蛋是鲁迅先生最喜欢的豫菜。

1927年，鲁迅先生到上海定居。那时，上海一家叫梁园致美楼的河南菜馆，让他流连忘返。

1934年至1935年，鲁迅先生曾多次邀请茅盾、萧军、萧红等到"梁园"就餐。

萧红曾回忆，为了满足她和萧军好好吃一顿馆子的要求，鲁迅先生特地在"梁园"请他们吃了一顿丰盛的酒席。酒席上有核桃腰、铁锅蛋、酸辣肚丝汤、黄河鲤鱼等。据说，这几道菜都是鲁迅先生平时最喜欢的豫菜，鲁迅先生也常常用此来招待客人。

这几道菜确实别有风味，特别是铁锅蛋。铁锅蛋是一道河南传统名菜，其色泽焦黄、软嫩鲜香，一直深受食客欢迎。

铁锅蛋虽然是传统豫菜，但近年来，即使在河南本地，也很少有人知道。因为它的制作工艺复杂，很少有厨师掌握这种技法。

阿五新菜研发的思路之一就是"复活"传统豫菜，三鲜铁锅蛋就

三鲜铁锅蛋

鲁迅先生喜欢的铁锅蛋就是豫菜传统名菜之一。阿五新菜研发的思路之一就是
复活传统经典豫菜，其中就有工艺极其复杂的三鲜铁锅蛋

是阿五"复活"的代表菜之一。此菜选用鸡蛋、蟹肉、虾仁、香菇等食材，还需准备一个特制的铁锅——口大底小、约1厘米厚，形状像一个带盖大碗。

按照传统制作工艺，首先要将特制的铁锅放在火上用猛火烧20分钟左右，然后转小火，用热油浸润锅身后再重新换上冷油，倒入备好的鸡蛋液，并用勺慢慢搅动，防止蛋浆抓锅，待八成熟时，用火钩挂住烧红的铁锅盖，通过轮轴将铁锅盖悬吊在铁锅上方，让烧红的铁锅盖持续发热。在此过程中，厨师要不断调整铁锅盖的位置，使鸡蛋受热均匀。同时，铁锅和锅盖之间形成的热对流效应，使铁锅蛋表面被烤到焦黄，这道菜才制作完成。整个制作流程，耗时近1个小时，费时又费力。

传统豫菜能否重回餐桌，需要从多个维度来综合考虑。可樊胜武只反复向研发团队强调，无论如何都要守好豫菜的根，寻准豫菜的源，留住传统豫菜的味道。阿五为让铁锅蛋重回餐桌，创新性地用烤箱模拟此前烧柴火的温度；为了让烧热的铁锅盖能够更精准地将蛋拔起，经过无数次尝试，找到铁锅盖和铁锅之间的合适距离，并定制了特定尺寸的铁锅盖，能更直接、简便地进行操作……铁锅蛋这道传统豫菜在阿五的坚持下，携着记忆中的味道回归餐桌。三鲜铁锅蛋登上了阿五的菜单后，非常受欢迎，得到了顾客一致好评。

"复活"一道老菜，不仅是物质上的复活，其实也是在修复这道名菜背后的文脉。在阿五，只要点了三鲜铁锅蛋，服务员在上菜时就会给顾客讲一段鲁迅先生和这道菜的故事。

对于食客来说，在品尝到三鲜铁锅蛋的时候，似乎能穿越时空，看到鲁迅先生与朋友们品尝着河南菜、把酒言欢的生动场景。

阿五举办"阿五杯"黄河鲤鱼烹饪大赛，让更多人了解了红烧黄河鲤鱼的烹饪技法。只有有足够的烟火气，豫菜才能更有生命力

对于阿五而言，一道菜的生命力在于传承和弘扬。阿五举办"阿五杯"黄河鲤鱼烹饪大赛的目的正在于此。大赛的舞台不仅是为了让大家展示自己的厨艺，还是为了将红烧黄河鲤鱼的烹饪"秘籍"传授给社会大众，让这道名菜真正"飞入寻常百姓家"。只有有足够的烟火气来支撑，豫菜才能更有生命力。

雅俗共赏的"鱼"，才能融入大众的"海"

从古至今，黄河鲤鱼之所以受到食客喜爱，是因为它既能登上皇家宴席成为珍馐，也能成为普通老百姓餐桌上的美味。

从贵为贡品，到走入寻常百姓家，再到工业文明时期的没落，黄河鲤鱼虽历尽沧桑，但其美味却从未改变。

阿五的发展历程也与黄河鲤鱼类似。创业初期，它是消费者眼中的"五星级小饭店"；如今，它已经成了河南的美食名片。

对于餐饮企业而言，营业额也是考量经营的最重要指标。在一次巡店中，一位服务员高兴地来向樊胜武"邀功"，称她服务的那一桌客人吃了800元。

那时候，门店刚开业，当时的800元实在不是一笔小数。樊胜武自然明白小姑娘的心理，但他说："顾客即使是只吃一碗面条，也应该服务好，消费多少不是我们应该关注的。"他提出了"不为一日好，只为百日红""花多花少您随便，常来常往情自生"的经营理念。

如今，在阿五，当顾客面对诸多美食情不自禁多点了一些时，服务员也会善意地提醒，让顾客适量点餐，避免浪费。

"餐饮服务就是把细节做好，真正地把顾客当家人，才能打动顾客。"彭丽娜是阿五的一位前厅服务人员，在为顾客张老师准备生日宴时，她早早地带着同事们布置房间，并准备了一个惊喜——请张老师的女儿扮成"厨师"为自己的父亲做一份寿面来表达对他的爱。

张老师的女儿身着厨师服，端着寿面来到张老师面前，请张老师品尝寿面。当张老师的女儿摘下口罩的那一刻，张老师激动地流下了幸福的泪水，和女儿相拥在一起。

"这是我过得最开心、最难忘的一次生日。"张老师因为阿五的细节服务，成为阿五的忠实顾客。

再小的"鱼"，也能找到属于自己的"河"

据统计，世界上有记载的2万多种鱼类中，有1/4的鱼类营群居生活，黄河鲤鱼便有着这样群居的习性。

在充满激流险滩的黄河中，一群鱼一起行动会降低个体的体能消耗，这和大雁集体飞行是同一个道理。此外，鱼类集体行动有利于产卵、繁衍后代。换句话说，每条鱼都不容小觑，都是鱼群能够依靠和减负的重要成员。在企业中，即使一些不起眼的岗位，也可能会形成"蝴蝶效应"，给整体带来极大的变化。

迎宾、保安、保洁，在人们看来，可能是最没有技术含量的岗位，但在阿五，这些岗位的员工和其他岗位员工一样，享受评优评先和国内外免费带薪旅游等福利。

员工有了更好的生活，也对阿五投桃报李，让阿五的服务品质更上一层楼。

梁俊洋就是从最初的迎宾员一步步成长为让顾客信赖的客户经理的。公司推出的粽子、月饼、定制酒、年夜饭集装箱等各种礼盒，她总能够热心为顾客推荐，多次成为公司"销冠"。

"顾客交代的事儿，帮顾客安排好；顾客没有想到的，替顾客想到。"这样的梁俊洋在与顾客接触的过程中给足了顾客安全感，她也成为顾客愿意信赖的人。

有一次，一位顾客到阿五英协路店咨询包桌事宜，吧台值班人员就给梁俊洋打了电话。梁俊洋先询问了顾客的需求、宴会形式，然后做了精心安排。她的用心得到顾客的高度认可，而这位顾客也成为阿五的忠实顾客。

肖新周，大家亲切地称他"肖大叔"，在阿五的保安岗位上，迎来了一段新的人生。

"我的人生有两个阶段。50 岁之前，我在农村没有出来打过工，可以说是两手空；第二个阶段，是来到阿五，结下丰硕的成果，不仅有了 20 多万的存款，而且每一天都很快乐，越活越年轻。"肖大叔总是这样介绍他和阿五的缘分。

2010 年，50 岁的肖大叔第一次离开了他熟悉的土地，从驻马店到郑州打工。他路过阿五陇海西路店时，看到门店摆放的招聘广告，就去门店应聘，成了一名保安。

"来阿五之前，没见过这么高档的饭店，宽敞明亮的大厅、服务员都很客气，就想着先干干试试。"肖大叔回忆说。

试了两个月之后，肖大叔就下定决心留在阿五。

"大家对我都非常好，无论是店长还是服务员，每个人见我都是大叔长、大叔短地叫着，对我特别尊重，像一家人一样。"肖大叔说，"更重要的是，这里每个月准时发工资。"

在村里的时候，肖大叔时常听到有村民打工被拖欠工资，所以刚到阿五的时候，他也有同样的担心。

"我在这里工作了 12 年，140 多个月，工资没有拖欠过一次，有时候赶上节假日，公司还会提前发工资。"

2021 年新冠疫情防控期间，店长给肖大叔打电话，告诉他，工资已经发到他的卡上了，注意查收。这引得同样在外打工的老乡羡慕不已。

不只是按时发工资，公司及门店工会小组提供的各项福利——带薪休假、免费旅游、如同宾馆一样温馨舒适的员工宿舍，还有员工工装等，都让肖大叔格外感动。

每年春节店里都很忙。在阿五工作的 12 年，肖大叔每个春节都坚守在自己的岗位，过年没有回过一次家。对此，肖大叔的 3 个儿子有时会提意见，说他只顾着工作，家也不要了。肖大叔却告诉儿子："你们给了我亲情，阿五给了我温暖，阿五就是我第二个家。"

2023 年 4 月，肖新周荣获"十年忠诚奖"，与其他获奖的同事们一起去了北京，开启了幸福之旅。

肖大叔说："我活了大半辈子，第一次坐了高铁，到北京看了故宫、天安门，还登上长城。我还品尝了从来没有见过的'宫宴'，一边品尝美食一边欣赏歌舞表演，享受到了皇帝般的待遇。如果不是在阿五，哪有现在的好日子呢！"

人们常说要选对平台、跟对人，在肖大叔的心里，阿五这个平台不仅是个"红娘"，还是一个好学校。

12 年里，他看到店里很多年轻人学习了技术，找了对象、成了家，买了房子、车子，有的人还自己创了业。如今，他也时常用自己的经历告诉店里的年轻人，在阿五，只要勤奋、坚持，不仅能换得真金白银，还能成就更好的自己。

在店长眼里，肖大叔也是店里一"宝"：他积极乐观、认真负责，给门店伙伴们带来满满的正能量，也收获很多客户的认可与好评。

再小的"鱼"，在阿五也能找到属于自己的"河"。

做事业，就是坚持长期主义

择一事，忠一生，以初心，致匠心。

樊胜武一直强调，阿五是在做事业，不是做生意。

事业和生意，其实就是长期规划和短期目标的区别。从"复活"传统豫菜修复文脉，到对菜品、服务的极致追求，阿五始终在坚持走长期规划路线，而樊胜武也更希望豫菜复兴是"一帮志同道合的人，做一件大家都喜欢的事情，最后分享成功"。

很多人以为企业文化就是领导说什么就是什么。其实不然。真正的企业文化，是源于企业内部的，以每一位员工行为为载体的精神表述，是做出来的事儿，而不是说出来的话。就像一个奔向目标的鱼群，头鱼决定方向，而鱼群决定游多远。

黄河大鲤鱼优秀　　澳大利亚之旅

阿五十年功勋人物欧洲之旅

技能比武

在阿五，只要干得好，每个岗位的员工都有机会去看世界

鲤鱼是
的适应能力，
同的饮食与习
在"地球村"
界的舞台。

如果说
只有和多维的

从中国
用语言，让黄
鲤鱼，增加了
下游平台，相
美美与共，实

第五章

鱼水共生，
构建餐饮命运共同体

第一节　"有文化"的黄河鲤鱼，才是真的"忘不了"

也许是千万年前的一个偶然，一群鲤鱼在黄河扎了根，被贴上了黄河的标签。这群鲤鱼便也有了九曲黄河昂扬的气势和强大的气场。

黄河鲤鱼在不断地适应变化的生态环境，也在不断地融入各种文化氛围。只有这样，当黄河鲤鱼遭受消亡的威胁时，"有文化"的黄河鲤鱼才能被人们记起，保留能使物种延续的"火种"。

"鱼生"短暂，如何才能"忘不了"

马来西亚有一群特殊的"鲤鱼"。如果从生物学上"盘一盘"，它可能还是黄河鲤鱼的"表亲"。它还有个特殊的名字，叫作"忘不了"。

"忘不了"是马来西亚特有淡水鱼种，学名叫似野结鱼。和黄河鲤鱼的生存状态相比，"忘不了"过的可谓是"锦衣玉食"的生活。

当地的河流附近长着一种植物，它的果实被称为风车果。风车果有着像牛油果一般的丰润油脂。"忘不了"最喜欢的便是这种果实。每年三四月是风车果成熟的时节，果子成熟后掉进河里，"忘不了"自然会大吃特吃，于是其身体油分也就更足了，果香味浓，特别肥美，而鱼唇和鱼翼则是果味最浓之处。

生活在安逸的环境中，"忘不了"留给人类的印象，也就止步在"味道"这一层面，甚至连名字都简洁明了。

和"忘不了"这位亲戚相比，"有文化"的黄河鲤鱼，物种延续的机会可就大多了。

当豫菜一度消沉时，或许有人忘了正宗的黄河鲤鱼的味道，但是读到《诗经》中的"岂其食鱼，必河之鲤"，或在典籍中读到鲤跃龙门的故事时，必然要追问几句黄河鲤鱼的"踪迹"。

在不同的时代，鲤鱼会被赋予新的文化和内涵。也正是因为黄河鲤鱼是"有文化"的鱼，千万年来，正宗的黄河鲤鱼才始终没有断根，真正做到了让人忘不了。

黄河鲤鱼赋予豫剧新的生命力

吃豫菜，听豫剧，享河南待客之道。

在阿五，豫菜和豫剧两大文化体系，产生了共鸣。

作为全国首家省级民营剧团小皇后豫剧团的团长，王红丽正打算编写几出关于黄河鲤鱼的豫剧，让食客可以将黄河鲤鱼品在嘴里，听在心中。

这位中国戏剧"梅花奖"二度获得者与樊胜武是同乡，同样在长垣的黄河边上听着黄河鲤鱼的故事长大。

对于王红丽和樊胜武二人来说，豫剧和豫菜的结合，离不开黄河鲤鱼的穿针引线。

王红丽的父亲王豫生、母亲王素珍均是常香玉大师的入室弟子。1993年，只有20多岁的王红丽，在父母的支持下，成立了全国首家省级民营豫剧团。

王红丽认为，唱豫剧就像做菜一样，好吃的菜才能有回头客，好的作品才是民营豫剧团站稳脚跟的根本。

小皇后豫剧团成立前夕，王红丽带领团队编排了原创剧目《风雨行宫》，移植剧目《美女涅槃记》，又恢复了《春秋配》《抬花轿》《秦雪梅》《泪血姑苏》四台传统戏。

《铡刀下的红梅》和《风雨行宫》在郑州首演时，专家们观看了王红丽主演的这两部大戏后，就鼓励她去参评中国戏剧梅花奖。

小皇后豫剧团和阿五的合作，开创了"吃豫菜，听豫剧"的新模式，让豫剧真正走到了人们身边

那时，王红丽的义父余笑予先生要求她必须演出 100 场才能进京夺"梅"。因为，只有经过舞台上的千锤百炼，才能够让舞台上的人物形象更加生动、更加感人。

中国戏剧梅花奖就像百丈龙门，等着王红丽这条"鲤鱼"去跃过。为了完成 100 场戏的目标，王红丽带着团队从河南演到了山西，又从山西演到了河北，经历了夏秋冬。半年后，在河北满城演出结束准备进京时，王红丽整整演出了 100 场。

也正是传承了黄河鲤鱼逆流而上的这股劲儿，以及对豫剧的热爱，王红丽获得了中国戏剧梅花奖"二度梅"。

2004 年，阿五第一家门店开在郑州建业路，在附近社区居住的王红丽认识了樊胜武这位专注豫菜的老乡。

"这个店是长垣有名的'大厨'樊胜武开的，很适合我的口味。每次宴请重要的客人，我都会安排在这里，对这里的红烧黄河鲤鱼情有独钟。"

在王红丽看来，阿五创办以来一直致力于弘扬豫菜文化，为豫菜发展作出了突出贡献。"小皇后"和阿五的很多理念都是一致的，一个把豫剧当成毕生事业，一个将豫菜视为毕生所爱。

2022 年，因共同热爱和推崇河南文化，阿五和"小皇后"展开合作。

很早的时候，四川就有饭店可以边吃川菜边看川剧变脸；东北的饭店，有二人转表演；苏州的饭店，有评弹。而在河南，这种尝试还是比较少的。

王红丽对与樊胜武的合作，也有一些担忧。舞台让演员和观众保持了一定的距离，可在餐桌旁，演员和观众几乎是零距离，大多数演员并不适应。

小皇后豫剧团的不少青年演员，都曾获得过市级、省级甚至国家级荣誉，他们能否放下面子，走进饭店来唱戏呢？

为此，王红丽给团队开了动员会，反复强调"小舞台，大世界"，真正的艺术就是来自民间，餐厅也是舞台。

"小皇后"和阿五的合作，开创了"吃豫菜，听豫剧"的新模式，让豫剧真正走到了人们身边。这一模式在很短的时间内就在消费者中有了名气，甚至有人为了听戏专门来阿五吃饭，河南戏曲文化焕发出了新的生机。

中国戏剧家协会分党组书记、驻会副主席陈涌泉先生在阿五实地考察后说："豫菜、豫剧是河南的两张文化名片，小皇后豫剧团和阿五黄河大鲤鱼是强强联合，对弘扬河南文化作出了突出贡献。"

在王红丽看来，黄河鲤鱼千万年来积攒下来的丰富文化素材，足以支撑一部优秀的传唱豫剧。豫剧凭借着追本溯源的黄河鲤鱼，或将酝酿出一部经典之作。而有了豫剧这一具有生命力的文化传承载体，黄河鲤鱼也焕发出了新的生命力，游进了又一段历史。

一条鲤鱼游四海

在中国菜系的发展过程中，鲁、川、粤、苏（淮扬）等各大菜系争奇斗艳，而被称为"百菜之源，菜系之母"的豫菜，却一度沉寂。

阿五作为豫菜复兴的扛旗者，带着红烧黄河鲤鱼这道河南头牌菜，从河南走向了全国，又从中国走向了世界。在更广阔的国际舞台和更

只身前往联合国总部的樊胜武，制作的菜品得到了一致好评。这也是红烧鲤鱼首次登上联合国宴会

高势能的国际性活动中，黄河鲤鱼大放异彩。

2017 年，由中国烹饪协会主办的"中国美食走进联合国"系列活动在美国纽约联合国总部举行。此次活动是继中国"一带一路"国际合作高峰论坛之后开启的大型民间外交活动，可谓意义深远。中国烹饪协会副会长、阿五品牌创始人樊胜武及 60 余名来自全国各地的知名厨师，受邀参加了本次活动。阿五也是河南唯一一家受邀企业。

只身前往联合国总部的樊胜武，制作的菜品得到了联合国官员的一致好评。这也是红烧鲤鱼首次出现在联合国宴会的菜单上。

"当看到一道道中国美食摆到 300 余位驻联合国官员面前，听到他们对中国美食的一致认可和高度评价后，我们所有的辛劳都变成了开心和愉悦。这一刻，所有的付出都是值得的。"樊胜武动情地在朋友圈分享道。

"从河南到联合国总部，这条鱼游得好远。它终究实现梦想，跳过了龙门，来到了联合国，让世界品尝到了豫菜的味道、中国的味道。"

2018 年 11 月，应中国香港赛马会邀请，阿五代表河南走进了赛马会，为嘉宾烹制河南美食、表演中华厨艺绝技，色泽红亮、肉鲜味美的红烧黄河鲤鱼，个大、馅多的水煎包，汤鲜面筋的羊肉烩面……一道道充满河南特色的美食，惊艳了嘉宾的味蕾！

后来，樊胜武及团队陆续到美国、法国、英国、日本、澳大利亚等 40 余个国家和地区推广中华饮食文化。

从"让豫菜站起来""豫菜抱团打天下"到"让世界品味中原"，以红烧黄河鲤鱼为代表的豫菜，影响力在显而易见地扩大，阿五不断地引领着黄河鲤鱼适应更多生态，游向更广阔的天地。

2018年11月，阿五代表河南走进中国香港赛马会。一道道充满河南特色的美食，惊艳了嘉宾的味蕾

第二节　　一条鲤鱼如何影响黄河生态

九曲黄河绵延五千多公里，每一处都孕育着独特的风物，也形成了无法复制的生态。

小气候蕴于大生态之中，也每时每刻影响着大生态。对于黄河鲤鱼而言，在绵延万里的黄河水道中往返，找到适合其生长的环境，是千万年来的生存法则。

看似渺小的黄河鲤鱼，也在用自己的力量反哺这条母亲河——黄河鲤鱼从沉寂中再一次高高跃起，受到人们的关注。为了不让它再一次游出人们视野，保护黄河生态也迫在眉睫。

黄河鲤鱼、黄河生态共生共存，相互影响，就像"鲤鱼王"阿五和餐饮业一样。

和谐共生

水生食物链是个奇妙的循环。

黄河鲤鱼不仅是食物链的重要一环，在维持水生态系统的稳定上也扮演着重要角色。鲤鱼游动时会搅动水中的沉积物，增加了水中的氧气，改善了水质，也间接改善了小型浮游生物的生长环境。

阿五与餐饮业亦有着密不可分的关系。它从创办以来，与上下游的合作伙伴相互成就、合作共赢，共同打造了一个良性发展的餐饮生态圈。

从品牌创建以来，阿五每年都召开合作伙伴会议，为优秀合作伙伴颁发荣誉证书和奖品。

作为阿五的优秀合作伙伴之一，黄河金生态鲤鱼（以下简称黄河金）在与阿五合作的过程中，充分发挥自身优势，形成品牌合力，达到如今的共赢局面。

以前，大家对鲤鱼食材的品质都不重视，导致鲤鱼不仅价格偏低，市场需求也少。黄河金养殖的生态黄河鲤鱼，到市场上只能随行就市按普通鲤鱼价格出售，优质难实现优价。2015 年，阿五聚焦黄河鲤鱼食材后，双方有了更加紧密的合作，黄河鲤鱼也迎来新的发展机遇。

"黄河金与阿五的目标是一致的，都是要把黄河鲤鱼打造成河南的一张美食名片。阿五要求非常高，多次派人前往黄河金养殖基地调研、考察，不断提出更高的标准和要求。为了达到他们的要求，我们

合作伙伴相互成就、合作共赢

专塘专养，甚至建立了'阿五标准'。不仅如此，阿五还坚持举办'阿五杯'黄河鲤鱼烹饪大赛，弘扬鲤鱼文化，传播健康饮食理念。现在，越来越多的饭店开始做黄河鲤鱼，越来越多的人喜欢吃鲤鱼，极大促进了黄河鲤鱼产业链的发展。"黄河金董事长崔菊芳如是说。

不仅是黄河金，很多企业都在与阿五的合作中，实现了共荣发展。

河南金星啤酒集团（以下简称金星）副董事长张峰表示，他从阿五第一家店开业就开始去，后来了解到阿五是一家有情怀的企业。基于对阿五的信赖，金星特意为阿五定制了一款原浆啤酒，包装上还融入了豫菜文化元素。

无独有偶，河南杜康酒业股份有限公司（以下简称杜康）也选择与阿五建立合作关系，专门定制"鲤鱼酒"。阿五逐渐形成了"吃豫菜、喝豫酒、享河南待客之道"的氛围。

豫菜、豫酒的结合，不仅为广大消费者带来极致的味觉体验，也让顾客感受到中原文化的魅力。

喜欢和阿五合作、乐意成为阿五的合作伙伴，不仅是因为能相互赋能、相互成就，还在于阿五的诚信。

梁聚才是双汇肉类的经销商，他与阿五的合作始于 2004 年。

"刚开始合作时，我们是送一次货结一次账。后来觉得阿五很守信用，就改为一星期结一次账。再后来双方充分信任，我就提出一个月结一次账，一直持续到现在。合作这么多年，阿五的员工从来没有吃、拿、卡、要的行为。近几年，餐饮企业自身经营都陷入了极大的困境，但还是每个月按时给我们结款，这让人非常感动。这几年，阿五的品牌影响力越来越大，我觉得跟他们的诚信守诺是分不开的。"梁聚才说。

不仅是黄河金、杜康、金星，阿五还与联合利华、李锦记、可口可乐等品牌达成更加紧密的合作伙伴关系，相互成就，合作共赢，持续积淀和涵养餐饮行业高质量发展的良性生态。

百鲤群游，才能美美与共

鲤鱼，因寓意美好，而成为画家笔下的常客。

北京艺术博物馆中藏有清代朱云爆所绘的《百鲤图》。图中未见一丝水波，仅用摇曳的水藻，荡漾的浮萍，就烘托出百条形态各异的鲤鱼成群结队游动的情景。浓、淡、清、重墨色的巧妙变幻，使画面呈现出了明暗相形、虚实相生、动静相宜的效果，展现出了百条鲤鱼的灵动活泼。

无锡博物院也藏有"鱼王"吴荣康的《百鲤图卷》。在无锡博物院的介绍中，吴老认为画鲤要近观察、远欣赏，近观察可知鱼之形体结构，放眼远赏方见鲤鱼群体游动行止、聚散回翔之情景。

无论是自然生态还是画作中，都很少见到单鲤，这既是鲤鱼天性使然，也是生态使然。

一枝独秀不是春，百花齐放春满园。在餐饮业游弋的"鲤鱼王"，也在不断地寻求行业的共生、共荣、共发展。

郑州市餐饮与饭店行业协会，前身为郑州市烹饪协会，成立于1986年。由于种种原因，它没有得到很好的发展，行业内几乎无人知晓。

2018年，政府相关部门的负责人找到了樊胜武，希望他能承担起行业发展的责任。经过近一年的精心筹备，2019年4月17日，郑

郑州市餐饮与饭店行业协会成立后得到了人们的高度认可

州市烹饪协会正式更名为郑州市餐饮与饭店行业协会。通过无记名投票选举，阿五品牌创始人樊胜武，全票当选为郑州市餐饮与饭店行业协会新会长。

协会秉承"提供服务、反映诉求、规范行为、搭建平台"的宗旨，做政府的好帮手，为会员单位和消费者服务，致力于打造一个"抱团发展、相互助力"的平台，促进餐饮业繁荣发展。

2020年，中国金鸡百花电影节在郑州举办。当樊胜武得知这一消息后，马上意识到这是非常难得的一次展现豫菜的机会。于是，他主动联系政府相关部门，迅速成立2020年中国金鸡百花电影节第35届大众电影百花奖豫菜品鉴组委会，选派了多位知名豫菜大师，及10余家知名豫菜企业。

在时间紧、难度大的情况下，经过多次试制，组委会最终确定了以河南十大名菜、十大名小吃为主的宴会菜单，从食品安全、口味到呈现方式，再到嘉宾的就餐习惯等全方位严苛把关，精益求精，力求把最完美的豫菜展现给各界嘉宾。

组委会还专门制作了《郑州美食指南》，摆放在嘉宾下榻酒店房间内，为他们提供了比较全面的河南美食地图，受到了嘉宾的一致好评。

2020年9月26日晚，2020年中国金鸡百花电影节第35届大众电影百花奖颁奖典礼圆满结束后，中国电影家协会主席陈道明等，到阿五黄河大鲤鱼郑州天泽街店就餐。热气腾腾的红烧黄河鲤鱼及河南特色美食上桌后，大家交口称赞。河南美食给他们留下了深刻的印象。

红烧黄河鲤鱼被评为"最受明星喜爱菜品"，阿五被金鸡百花电影节组委会指定为接待酒店。

此外，为了更好地推广豫菜，樊胜武先后邀请董克平、李树建、

2020年中国金鸡百花电影节颁奖典礼结束后，众多嘉宾到阿五天泽街店就餐

范军、汪荃珍、虎美玲、谢冰毅、陈泽民、薛荣等社会各界知名人士为中原美食代言。聘请其他行业人士为豫菜代言，这在河南餐饮史上是第一次，对提升豫菜知名度和影响力有着重要的意义。

"中原餐饮品牌论坛"作为郑州市餐饮与饭店行业协会的品牌活动，邀请来自国内的行业领导、餐饮大咖、媒体代表，分享各自的运营心得和行业见解，为餐饮人指点迷津，也为郑州餐饮人提供更多新思路、新理念，助力郑州餐饮行业持续健康发展。

黄河鲤鱼在餐饮江湖中，也获得了空前的关注度。在"第二届中原餐饮品牌论坛"上，美团发布了2020年河南餐饮大数据，从餐饮行业的整体复苏、品类发展和消费者变化、豫菜发展等几个维度，分析了河南和郑州餐饮市场的新变化。数据显示，2020年以来，尽管新冠疫情给餐饮行业带来了极大的影响，但无论是餐饮门店数量还是经营稳定性，豫菜都占有极大优势。豫菜品牌不断增加，豫菜势能持续积蓄。

在成立不到两年的时间里，郑州市餐饮与饭店行业协会先后开展了技能比武、美食评选、豫菜推广、考察交流、培训学习等百余项推动行业发展的活动，还承办了"国庆吃面""醉美·夜郑州"等活动，发布了《郑州美食指南》，得到了政府相关部门和会员单位的高度认可，被授予"中国社会组织等级评定AAAA级协会"。

2013年3月，国家第一次提出"人类命运共同体"。构建人类命运共同体，着眼于全人类的福祉，将每个民族、每个国家、每个人的前途命运都紧紧联系在一起，致力于把全人类共同生存的星球，建设成为持久和平、普遍安全、共同繁荣、开放包容、清洁美丽的世界，把各国人民对美好生活的向往变成现实。

"命运共同体"适用于多个领域。对河南餐饮业而言,构建"餐饮命运共同体",实现餐饮行业的共生共荣,意义非凡。

行业的携手并进,阿五黄河大鲤鱼的"头鱼效应",共同勾勒出了"餐饮命运共同体"这一宏大主题,豫菜企业也初现燎原之势。

黄河鲤鱼的"生态圈"

黄河有明显的丰水期与枯水期。从 20 世纪 20 年代初到 90 年代,黄河大体上经历了 5 个枯水期和 4 个丰水期,每个丰、枯水期持续的时间长短不一。

黄河上游第五个枯水期,从 1990 年开始,到 2004 年结束,持续了 15 年,是近 80 余年里最长的一个枯水期。

万事万物,总是摆脱不了周期性。对于黄河鲤鱼和豫菜来说,如何度过"枯水期",也是它要考虑的生存课题。

"只有时代的企业,没有永远的企业。"每个时代的产物都有其生命周期。有的企业会逐步被时代淘汰,同时也必定会有新的企业顺应时代而生。

因此,为了在时代的洪流中稳步前行,阿五也在不断地与时俱进、迭代升级。

为了加强企业间的合作,2016 年,樊胜武和多位好友发起成立了春羽羽毛球俱乐部(以下简称俱乐部)。

俱乐部秉承"热爱、简单、慷慨、快乐"的宗旨,致力于为更多羽毛球爱好者提供高品质服务，让越来越多的企业家喜爱羽毛球运动。

煜丰汴京烤鸭、阿庄地道豫菜、解家河南菜、福状元等餐饮品牌创始人都是俱乐部的会员。和樊胜武师出同门的煜丰汴京烤鸭创始人顿玉松，就是被樊胜武"逼"出来的创业者。

樊胜武与顿玉松是发小，又一起从长垣烹饪技校毕业。在郑州的一次偶遇，让这对师兄弟联系密切了起来。

那时的顿玉松有一份收入不高但稳定的工作。樊胜武觉得顿玉松的手艺足以支撑起一个品牌，于是每次见到顿玉松，都劝说他闯荡出一片属于自己的天地。

在樊胜武的鼓励下，顿玉松最终创立了自己的品牌。在顿玉松心里，樊胜武就是"豫菜推广大使"，因为樊胜武不管走到哪里，都在推广豫菜，同样做豫菜的顿玉松，将樊胜武视为榜样。

在俱乐部，人们在打球之余也会相互交流。俱乐部平台多元、开放、包容的优势，正在逐步显现。

2019年，郑州太古可口可乐饮料有限公司董事、总经理徐永刚主动申请加入俱乐部。

徐永刚对阿五有着自己的认识："樊会长对豫菜有一种很深的情怀，对朋友真诚、慷慨。阿五能成为河南餐饮行业的标杆，不仅是因为饭菜好吃，服务、环境好，还是因为阿五融入了豫剧、豫酒等很多河南文化元素，是我宴请宾客的首选地。"

在俱乐部，人们一起打球健身，交流学习，在感受运动乐趣的同时，也逐渐形成了一个良性的"生态圈"。

"热爱、简单、慷慨、快乐"，羽毛球俱乐部成了大家又一个交流的平台

第三节　一条鲤鱼叩动餐饮高质量发展之门

如果说黄河是一曲乐谱，那么黄河鲤鱼就是跳跃其上的音符。

在"推动绿色发展，促进人与自然和谐共生"的大合唱中，一条黄河鲤鱼也在叩动黄河流域的高质量发展之门。

黄河鲤鱼族群的壮大，意味着我们的山更绿、水更清，鱼更肥美了；黄河鲤鱼被越来越多地端上餐桌，昭示着人们对于生活质量有了更高的要求；黄河鲤鱼在其历史被深度挖掘且成为豫菜当之无愧的头牌菜后，也意味着黄河流域的鱼文化得到了传承……

洄游千万年的鲤鱼，在黄河高质量发展的节点，重新找到了属于自己的时代坐标。

跳出水面，视野才能更广阔

生活在黄河边的人，大都观察到过黄河鲤鱼从水中突然跃起，在空中短暂停留后再次回到水中的现象。鲤鱼的这种行为在特定的季节和环境条件下更为频繁。

在部分水产专家看来，鲤鱼跃出水面有时是为了捕食或获取食物资源。当鲤鱼察觉到水面上有昆虫、浮游生物或其他食物时，它们会迅速跳出水面。

鲤鱼只有跃出水面，才能看清自己所处的环境，拥有更广阔的视野，才能更容易定位和捕获食物。在餐饮行业，阿五就像那条高高跃出水面的鲤鱼，成为行业的先行者。

既要脚踏实地，也要仰望星空。阿五的视野，不仅仅局限于企业经营层面，而是更多关注行业生态，在生态中不断实现自我价值的迭代。

2024 年，是阿五创办第二十年，也是豫菜快速发展的第二十年。以豫菜复兴为己任的阿五，也打造了自己的发展"三部曲"，先后提出"让豫菜站起来""豫菜抱团打天下""让世界品味中原"。

现如今，阿五又树立了下一阶段的目标——开启豫菜高质量发展新时代，"新豫菜、新未来"。

什么是新豫菜，未来又在哪?

2019 年，樊胜武中式烹调技能大师工作室入选了省级技能大师

挖掘豫菜传统工艺、创新豫菜发展

工作室建设项目。工作室秉承"弘扬饮食文化，传承工匠精神"的理念，集烹饪文化研究、产品研发创新、美食品鉴于一体，以"非遗传承、私人定制、甄选食材、匠心烹饪"为核心，为挖掘豫菜传统工艺、创新豫菜发展作出了突出贡献。"新豫菜"也在此时迎来了发展机遇。

2020 年，樊胜武被选为享受国务院政府特殊津贴专家。

中原崛起看郑州，郑州发展看郑东，郑东新区新"引擎"就是北龙湖。北龙湖金融岛是郑东新区金融集聚核心区，也是中国继北京金融街、上海陆家嘴、深圳前海之后的国家中部金融中枢，肩负着将郑州建设成为"国家中心城市""中原经济区"以及"一带一路国际化区域金融中心"的伟大使命。这里将是未来郑州乃至河南发展最快、最亮眼、最有活力的区域。

豫菜想要高质量发展，就必须寻觅新的发展机遇，迈向更广阔的天地。

阿五受邀入驻北龙湖，将以国际化视野，在北龙湖金融岛打造旗下高端品牌"中和豫宴"。

樊胜武先后往返北京、上海、杭州等地，与多次操盘"米其林"和"黑珍珠"餐厅的空间设计师、知名烹饪大师、美食家，一起探讨交流，从环境、产品、服务到团队、文化等多方面，都希望为新豫菜"打个版"，让更多人品尝到高品质豫菜。

对于阿五来说，不断迭代升级是主旋律。阿五先后进行产品升级、环境升级、服务升级、团队升级、文化升级，这"五大升级"一直伴随着阿五的整个发展过程。

越是民族的，越是世界的。随着地方菜系兴起，在阿五的推动下，豫菜必将迎来新的发展机遇。

"鱼生"平衡，才能游得更远

黄河鲤鱼在夏秋季会大量摄食，在冬春季会少量或者不摄食。因摄食数量不同，色素会沉淀在鱼鳞上，形成大小不同的轮状。夏秋季，黄河鲤鱼摄食量比较大，所以鱼鳞上的轮状较大，颜色较深，生物学上称之为夏轮；冬春季，黄河鲤鱼的摄食量非常少，鱼鳞上的轮状较小，颜色较淡，生物学上称之为冬轮。

黄河鲤鱼身上的"年轮"，记录着时间和气候的变迁。

樊胜武常说："人过留名，雁过留声，人的一生总要实现个人价值，对社会有所贡献，才不枉此生。"

樊胜武喜欢收藏和旅行。

收藏是怀念过往的生活，倾听历史的声音，观赏跨越时代的美。他将各种物品，如身份证、笔记本、相机、手机等，获得的奖杯与证书，以及到世界各地旅行时带回的纪念品，都分门别类地珍藏起来。

他的办公室里，收集了世界各地许许多多代表当地文化特色的徽标、冰箱贴、扑克牌等纪念品。每去一个地方，他都要带回来一些土壤和石头，并在办公室的地球仪上留下一个印记。

旅行既可以认识世界，也可以重新认识自己。人只有见过更大的天地，才能抛弃渺小的自己，转而去探寻生命的意义。

他先后前往美国、加拿大、澳大利亚、英国、法国、德国等国家和地区考察，印象最深的，是去南极和北极点。

2017 年站在南极的那一刻，樊胜武就在想，一定要去北极看看，人生才没有遗憾。2019 年，他 50 岁的时候，不仅到了北极，还完成了人生的第一次极寒挑战——"极点跳水"。

在极地旅行的日子，他感受到了独一无二的纯洁与宁静，那是一种难以言说的悠远、超脱与孤寂，仿佛是生活在另一个星球之上，天幕低垂，万籁俱寂。当深邃幽蓝的海水与广阔苍茫的天空连成一体，人在其中既渺小又强大。

那是难得的思考自己的时间。人生不仅需要把事业做好，也要把家庭经营好。关注身体，观照内心，在力所能及的情况下，为社会创造更大的价值。只有把人生"画圆"，"平衡轮"才能转得更好。

只有把人生"画圆"，"平衡轮"才能转得更好

后记

寻洄千年，黄河鲤鱼的归去来兮

万里黄河奔流到海绵延不绝，黄河鲤鱼的故事也没有终点。

对于豫菜来说，阿五这条"鲤鱼王"的成长印记，也是豫菜复兴中的一段发展印记。

一代鱼有一代鱼的追求，一代人有一代人的使命。肩负着豫菜复兴的阿五，深谙无法毕其功于一役的道理。它用社会责任和长期主义，把豫菜复兴的"火种"传递和撒播在更多人的心中。

这，何尝不是豫菜高质量发展的一个缩影！

黄河鲤鱼游"丢"过，回来过，高光过，沉寂过，用文化的力量征服过文人和画家，也用美味让人们记住了黄河文化，了解了豫菜的前世今生。

至此，本书大概梳理了阿五擎起豫菜大旗时独独挑选一条黄河鲤鱼作为头牌菜的渊源。品一口红烧黄河鲤鱼，就是在和绵延了千万年的鲤鱼文化对话，在传承黄河鲤鱼不屈的精神、表达人们美好的祈望，在品味一代代豫菜人不屈的奋斗史。

读懂了黄河鲤鱼，也就读懂了黄河故事，也就找寻到了生命的意义。